高等学校“十三五”规划教材

化学综合创新实验

丁健桦 主编

HUAXUE ZONGHE
CHUANGXIN
SHIYAN

化学工业出版社
·北京·

《化学综合创新实验》是在无机化学实验、分析化学实验、有机化学实验、物理化学实验以及仪器分析实验等基础化学实验课程的基础上开设的综合性和创新性实验教材，内容包括分离与分析化学、材料化学、合成化学、配位化学和核化学等五个单元，43 个实验项目。本课程的目的是通过实验拓宽学生的知识面，培养学生综合运用基础化学实验技能和所学的基础知识解决实际化学问题的能力、查阅文献资料的能力、设计实验的能力以及熟练操作和使用现代分析仪器及解析谱图的能力，帮助学生构建化学学科的科学研究意识，提升学生化学探究能力，特别注重培养学生的创新意识、创新思维与创新能力。

本书是为已经完成大学基础化学实验的化学、应用化学专业（理科或工科）高年级本科生开设的实验课程的教材，也可供化工、材料、生物、环境、医药、食品、核化工等相关专业师生、科技人员使用或参考。

图书在版编目（CIP）数据

化学综合创新实验/丁健桦主编. —北京：化学工业出版社，2019.12(2023.1 重印)
ISBN 978-7-122-35813-4

Ⅰ.①化… Ⅱ.①丁… Ⅲ.①化学实验-高等学校-教材 Ⅳ.①O6-3

中国版本图书馆 CIP 数据核字（2019）第 268124 号

责任编辑：傅聪智　张　欣　　　装帧设计：刘丽华
责任校对：宋　玮

出版发行：化学工业出版社（北京市东城区青年湖南街 13 号　邮政编码 100011）
印　　装：北京建宏印刷有限公司
710mm×1000mm　1/16　印张 10　字数 203 千字　2023 年 1 月北京第 1 版第 4 次印刷

购书咨询：010-64518888　　　售后服务：010-64518899
网　　址：http://www.cip.com.cn
凡购买本书，如有缺损质量问题，本社销售中心负责调换。

定　　价：38.00 元

前言

Preface

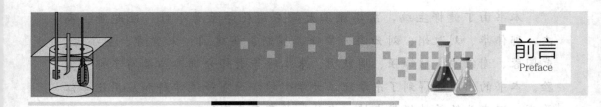

为了配合建设创新型国家的国家战略，中国高等教育必须加强创新人才的培养。近年来，国内高校强化了创新创业教育，对化学类专业而言，为了培养学生的自主创新能力，很多高校也开始了创新实验课程的建设和实践。

《化学综合创新实验》就是依据当前我国高等教育化学教学改革形势，为高等学校化学及相关专业本科教学而编写的实验教材。从形式和内容上看，本书与“化学综合实验”有相似之处，都是以无机化学实验、分析化学实验、有机化学实验、物理化学实验以及仪器分析实验等基础化学实验课程为基础，通过实验达到拓宽学生的知识面，培养学生综合运用基础化学实验技能和所学的基础知识解决实际化学问题的能力、查阅文献资料的能力、设计实验的能力、熟练操作和使用现代分析仪器及解析谱图的能力的目的。但是相比于“化学综合实验”，本书更加强调学生的创新意识、创新思维与创新能力的培养，更加注重学生的自主探究性。

本书包括五个单元：分离与分析化学、材料化学、合成化学、配位化学和核化学。选编的实验项目中，不但有适合化学相关理科专业学生使用的项目，也选编了一些实用性较强、适合化学相关工科专业学生使用的项目。内容主要来自于大学生创新性实验成果、教师科研成果和化学学科研究成果，反映了当今化学学科的新技术、新方法、新成果，可帮助学生构建化学学科的科学研究意识，提升学生化学探究能力。编写时在保证教材内容科学、严谨的同时，还特别注意了编排内容上循序渐进的原则。此外，本书大部分实验项目实行导师制，通过指导老师引导学生对具体实验装置、实验条件和实验设计进行思考和改进，达到触类旁通、举一反三的效果，可引领学生灵活地、综合地运用所学的化学以及相关学科的知识和技能，有效地培养学生的创新思维和创新能力。

本书由丁健桦主编，东华理工大学应用化学系曹小红、池超贤、高志、郭伟华、刘淑娟、刘云海、罗峰、罗新、马建国、宋少青、仝小兰、武国蓉、谢宗波、熊锋强、周跃明、朱玉玲等老师分别参与编写了部分实验。本书的出版还得到了东华理工大学化学江西省一流学科和应用化学江西省一流专业给予的经费支持，在此一并表示感谢！

由于编者水平有限，书中疏漏或不妥之处在所难免，敬请读者批评指正。

编者

2019 年 10 月

目录

CONTENTS

第一单元　分离与分析化学

第二单元　材料化学

第三单元　合成化学

第四单元　配位化学

第五单元　核化学

第一单元

分离与分析化学

实验 1.1

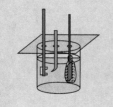

半胱氨酸修饰纳米金对 Hg^{2+} 的比色检测

一、实验目的

纳米粒子有显著的量子尺寸效应，其光学物理性质和化学性质使其迅速成为近年来最活跃的研究领域之一。纳米粒子具有超快速的光学非线性响应等特性。本实验旨在提高本科实验质量，加深学生对纳米粒子形态、物性的认识，使学生学习更多金属离子检测的分析方式，并掌握以纳米粒子为探针对金属离子的比色检测方法。

二、实验原理与方法

（1）原理

当可见光照射纳米粒子时，共振波长的光被纳米粒子吸收，从而引起表面电子的振动[1]。例如金纳米粒子（直径为 13 nm）吸收绿光，相应的强吸收带（表面等离子带）在 520 nm 左右，金纳米粒子的溶液呈现红色[2]。尺寸较小的纳米粒子，表面电子受入射光影响，以对称振子振荡模发生振动。当纳米粒子聚集时，表面等离子相互作用（粒子间等离子耦合），聚集物可以看作一个更大的粒子。随着粒子尺寸的增加，光不再能够使纳米粒子均匀极化，从而引起红移及表面等离子带变宽，发生颜色改变。纳米粒子聚集和分散过程中所引起的颜色改变为比色检测提供了可能。纳米粒子充当信号报告者，目标分析物直接或间接诱发金纳米粒子的聚集和分散，通过颜色改变实现分析检测，粒子间的等离子耦合能够产生巨大的吸收带偏移，颜色的改变可以用肉眼观察，避免使用复杂的仪器。

（2）方法

本实验首先以柠檬酸钠为还原剂制备金纳米粒子，然后再将半胱氨酸修饰到纳米金表面，使得纳米金变得相对稳定而不会过早聚集。当向溶液中加入 Hg^{2+} 时，由于 Hg^{2+} 与修饰物之间的螯合作用导致金纳米粒子的聚集，使得金纳米粒子间等离子耦合，从而产生巨大的吸收带偏移，最终实现颜色变化[3]。当 Hg^{2+} 浓度过低时，不能引起纳米金粒子的快速聚集，只有当其浓度达到一定程度后，才能达到颜色变化的目的。显色测定原理见图 1-1-1。

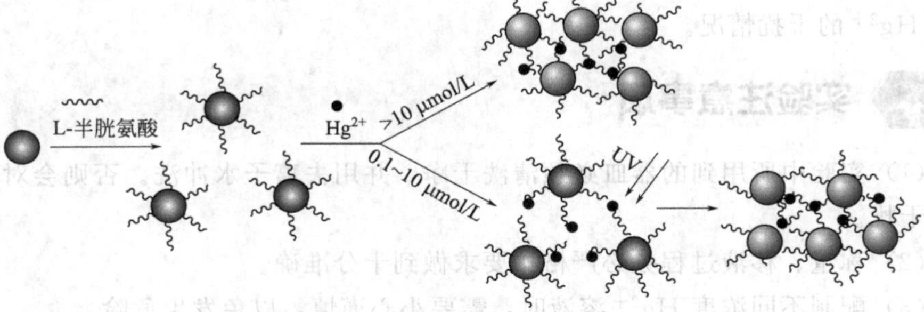

图 1-1-1 显色测定原理图

三、试剂材料和仪器

(1) 主要试剂

$HAuCl_4$、柠檬酸三钠、$HgCl_2$，均为分析纯；去离子水。

(2) 主要材料

称量纸、称量勺。

(3) 主要仪器

紫外-可见分光光度计、离心机、分析天平、移液管、离心管、容量瓶、三颈烧瓶、回流管、电热套。

四、实验内容

(1) 纳米金的制备[4]

在三颈烧瓶中加入 50 mL 1 mmol/L $HAuCl_4$ 溶液加热回流并搅拌。混合液快速加入 5 mL 38.8 mmol/L 的柠檬酸钠，搅拌溶液由黄色变为深红色。颜色稳定后，溶液继续回流 15 min，降至室温条件下。

(2) 纳米金的修饰

取 5 mL 制备好的纳米金液，加入 0.1 mL 2×10^{-4} mol/L 半胱氨酸溶液搅拌混合 2 h 后备用。

(3) Hg^{2+} 的测定

在室温条件下，在离心管中 0.1 mL 修饰后的纳米金溶液中加入 0.1 mL 不同浓度的 Hg^{2+} 溶液观察颜色变化。

(4) 干扰测定

在室温条件下，离心管中 0.1 mL 修饰后的纳米金溶液中分别加入 0.1 mL、200 μmol/L 的 $CdCl_2$、$CoCl_2$、$CuCl_2$、$MgCl_2$、$NiCl_2$、$PbCl_2$、$ZnCl_2$、$AgNO_3$ 溶液，考察 Cd^{2+}、Co^{2+}、Cu^{2+}、Mg^{2+}、Ni^{2+}、Pb^{2+}、Zn^{2+}、Ag^{+} 等共存离子对 Hg^{2+} 的干扰情况。

五、实验注意事项

(1) 实验中所用到的器皿必须清洗干净，并用去离子水冲洗。否则会对实验产生干扰。

(2) 称量、移液过程务必严格按要求做到十分准确。

(3) 配制不同浓度 Hg^{2+} 溶液时，需要小心谨慎，以免发生危险。

(4) 保持实验室的清洁和卫生，实验试剂用完放回原处，玻璃仪器用完需要清洗。

六、扩展思考

(1) 与其他纳米粒子相比，选用纳米金粒子作为显色探针有哪些优点？缺点在哪里？

(2) 影响制备稳定、分散的纳米金粒子的因素有哪些？通过哪些方法可以提高纳米金粒子的稳定性以及分散性。

(3) 改变修饰试剂的用量是否对待测离子的检测产生影响？

(4) 查阅资料，找出还有哪些材料可以作为显色测定探针，通过什么方式方法来进行修饰、制备以及检测？

(5) 在本实验制备的纳米金粒子的基础上，是否有其他修饰方式来对 Hg^{2+} 进行比色检测。如果有，可以进行试探性实验。

七、参考文献

[1] 周化岚，翟莲娜，缪煜清，等．分析测试学报，2012，31 (5)：622-627.

[2] Sener G，Uzun L，Denizli A. Analytical Chemistry，2014，86 (1)：514-520.

[3] Priyadarshinia E，Pradhanab N. Sensors and Actuators B：Chemical，2017，238：888-902.

[4] Chai F，Wang C G，Wang T T，et al. Nanotechnology，2010，21 (2)：022501.

实验 1.2

碘-淀粉分光光度法测定室内空气中的甲醛

一、实验目的

人类一天中多数时间会在室内度过，因此室内环境质量对人们身心健康具有重要的影响。通过本实验，学生可以了解室内甲醛的测定方法，掌握室内空气采样方法，掌握碘-淀粉分光光度法测定甲醛的基本原理和操作方法。

二、实验原理和方法

甲醛是一种具有强烈刺激性气味的挥发性有机物，低浓度的甲醛可以使皮肤过敏，还易引起咳嗽、气喘、失眠、恶心、头痛等症状，过量吸入甚至会致突变、致癌，已被世界卫生组织确定为致癌和致畸形物质。作为室内空气中的重要污染物，甲醛主要来源于各类装修材料，如板材、涂料、黏结剂等。根据《室内空气质量标准》（GB/T 18883—2002）[1]的规定，住宅、医院、幼儿园、学校教室等一类民用建筑工程室内空气中甲醛的限值为 0.08 mg/m^3，办公楼、商店、旅馆、文化娱乐场所等二类民用建筑工程室内空气中甲醛的限值为 0.10 mg/m^3。

目前，甲醛的测定方法较多，主要有色谱法[2,3]和光谱法[4-6]。本实验采用碘-淀粉分光光度法测定室内空气中的甲醛含量[7]，其原理为：在硫酸介质中，痕量的甲醛与过量的重铬酸钾反应，剩余的重铬酸钾在酸性条件下与碘化钾反应生成碘单质，碘单质再与淀粉发生显色反应生成蓝色配合物，在某波长下有最大吸收，从而建立碘-淀粉分光光度法定量测定甲醛的方法。

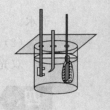

三、试剂和仪器

（1）主要试剂

甲醛、碘化钾、淀粉、重铬酸钾、硫酸，均为分析纯。实验用水为二次去离子水。

（2）主要仪器

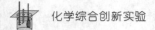

双光束紫外-可见分光光度计、大气采样仪、恒温水浴锅、比色管（10 mL）。

四、实验内容

（1）优化实验条件

① 吸收波长的选择：取一支比色管，依次加入一定体积和浓度的甲醛溶液、硫酸溶液和重铬酸钾溶液，混匀，于 70 ℃恒温水浴锅中加热 35 min，冷却后再加入一定体积和浓度的碘化钾溶液和淀粉溶液，摇匀，放置稳定 30 min。另取一支比色管，配制相应的空白溶液（即不加入甲醛溶液）。以二次蒸馏水为参比，绘制上述两支比色管中溶液的吸收光谱图，找出碘与淀粉显色反应生成的蓝色配合物的最佳吸收波长。

② 硫酸用量的选择：采用①的操作方法，在最佳吸收波长下，改变硫酸溶液的加入量，绘制吸光度-硫酸用量曲线，从中确定硫酸的最佳用量。

③ 重铬酸钾用量的选择：采用①的操作方法，在最佳吸收波长和最佳硫酸用量条件下，改变重铬酸钾溶液的加入量，绘制吸光度-重铬酸钾用量曲线，从中确定重铬酸钾的最佳用量。

④ 碘化钾用量的选择：采用①的操作方法，在最佳吸收波长、最佳硫酸用量和最佳重铬酸钾用量条件下，改变碘化钾溶液的加入量，绘制吸光度-碘化钾用量曲线，从中确定碘化钾溶液的最佳用量。

（2）绘制校准曲线

配制一定数量的甲醛标准溶液系列，在优化的实验条件下，测定溶液的吸光度，并根据实验结果绘制校准曲线。

（3）样品采集、分析及加标回收实验

① 样品采集：在一天内的上午 9 点、下午 2 点和晚上 7 点，采用大气采样仪平行采集新装修住房内的空气各一次，将上述试样合并，备用。

② 样品分析及加标回收实验：平行移取两份待测样品溶液，其中一份按建立好的方法进行分析，另一份加入一定量的甲醛标准溶液，进行加标回收实验。有条件的可以每周采集一批室内空气，以同样的方法进行分析，坚持 3 个月，测定其甲醛的含量。

五、实验注意事项

（1）配甲醛标准溶液时应采用碘量法标定，使用时临时逐级稀释，随用随配。

（2）比色管中溶液加热完成后，可采用流水冷却几分钟。

（3）采用大气采样仪采集室内空气前，应关闭门窗 1 h，且大气采样仪采集流速以 0.5 mL/min 为宜。

六、扩展思考

（1）为什么要同时测定空白溶液和样品溶液的吸光度？

（2）室内空气中甲醛的降解规律是什么？

（3）查阅文献，完成一篇有关空气中甲醛含量测定的综述。

七、参考文献

[1] 国家环境保护总局．室内空气质量标准：GB/T 18883—2002. 北京：中国标准出版社，2002.

[2] 胡洁兰，张静，钟艳琴，等．现代预防医学，2015，42（8）：1472-1474.

[3] 赵龙，钟瑞华，李腾峰，等．理化检验-化学分册，2016，52（10）：1194-1196.

[4] 吕庆銮，纪祥娟，王苗苗．化学工程与装备，2019（6）：273-274.

[5] 张文涛，张鹏，焦元启，等．东莞理工学院学报，2016，23（3）：62-64.

[6] 邓芬芬．低碳世界，2017（32）：302-303.

[7] 段全晓，蒋锋，周健．光谱实验室，2010，27（3）：881-883.

实验 1.3

浊点萃取分离分析环境水样中的苯酚

一、实验目的

（1）了解浊点萃取分离的原理，掌握其基本操作。

（2）实现环境水样中苯酚的分离分析。

二、实验原理与方法

（1）原理

与传统的萃取法相比，浊点萃取是一种新兴环保的分离方法[1]。它以非离子表面活性剂增溶作用和浊点现象为基础，通过改变实验参数引发相分离，将疏水性物质和亲水性物质分离[2]。即非离子表面活性剂水溶液在一定温度下会发生相分离而出现浑浊，静置一段时间（或离心）会形成两个透明液相，一为水相，另一为富胶束相。非离子表面活性剂具有很好的增溶能力，溶解在溶液中的疏水性物质在浊点萃取分相时，被萃取进富胶束相，亲水性物质留在水相。

（2）方法

本实验利用非离子表面活性剂 Triton X-100 的浊点现象，以酚类物质苯酚为浊点萃取对象，在优化的实验条件下，定量分离出苯酚，并与紫外光谱法联用，实现环境水样中苯酚的分离分析。

三、试剂和仪器

（1）主要试剂

Triton X-100、苯酚，均为分析纯；pH 缓冲溶液（醋酸体系）。

（2）主要仪器

紫外-可见分光光度计、离心机、酸度计。

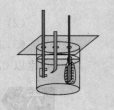

四、实验内容

(1) 测量波长的选择

取苯酚标准溶液，用 NaOH 溶液调 pH 在 10～12，以含 NaOH 溶液的试剂为空白，用紫外-可见分光光度计测定其吸光度，绘制其紫外吸收光谱图，并选择最大吸收波长作为以下测定的测量波长。

(2) 浊点萃取条件的优化

取一定量的待测液于 5.0 mL 的离心管中，加入适量的 Triton X-100，再加入少量 NaCl，用蒸馏水稀释至 5.0 mL，置于水浴加热一定时间后，离心分相，弃去水相，用 NaOH 溶液和蒸馏水将胶束相稀释至 5.0 mL（保证此时溶液的 pH 为 10～12），以含 NaOH 溶液的试剂为空白，用紫外-可见分光光度计测定其吸光度。

主要考察以下条件对浊点萃取效率的影响：

① Triton X-100 用量；

② 萃取温度；

③ 萃取时间；

④ 盐（NaCl）含量。

(3) 工作曲线的绘制

取系列浓度的苯酚标准溶液，按（2）的方法进行浊点萃取后，再按（1）的方法分别测定其吸光度，并以苯酚标准溶液的浓度为横坐标，对应的吸光度值为纵坐标绘制工作曲线，同时考察方法的精密度和灵敏度。

(4) 样品测定

平行取样品溶液两份，其中第一份按（2）的方法进行浊点萃取后，再按（1）的方法测定其吸光度，然后根据工作曲线计算出样品中苯酚的含量；第二份加入适量的苯酚标准溶液后与第一份进行相同的操作，根据测定结果计算样品的加标回收率。

五、实验注意事项

(1) 样品和标准溶液的测定条件应保持一致。

(2) 在体系中加一定量的食盐，可以保证浊点萃取成功分相。

六、扩展思考

(1) 什么是浊点和浊点萃取？

(2) 影响浊点萃取的因素除表面活性剂用量、萃取温度和时间、盐含量外，还有哪些？

七、参考文献

［1］ Samaddar P，Sen K. Journal of Industrial and Engineering Chemistry，2014，20（4）：1209-1219.

［2］ Zhu X H，Zhu X S，Wang B S. Journal of Analytical Atomic Spectrometry，2006，21：69-73.

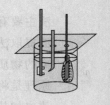

实验 1.4

肉桂皮中肉桂醛的提取和鉴定

一、实验目的

运用现代化学分离理论与方法对天然产物的有效成分进行提取和鉴定，是研究天然产物的功效、作用原理以及应用的重要基础。通过本实验，学生可以了解天然产物中有效成分提取和鉴定的原理和方法；掌握溶剂萃取和水蒸气蒸馏法进行肉桂醛提取和鉴定的原理、方法和操作技术；熟悉红外光谱仪的操作、红外光谱图的识别和分析技术等。

二、实验原理与方法

肉桂醛（化学名为苯基丙烯醛）分子式为 C_9H_8O，具有顺式和反式两种异构体，但是无论是自然界中天然存在的还是人工合成的肉桂醛，均为反式结构（即 β-苯基丙烯醛），其结构式如下：

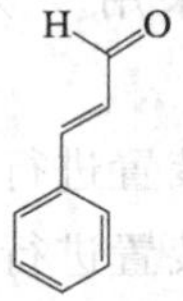

肉桂醛在医药、化工及食品工业等方面具有广泛的应用价值。如，肉桂醛有杀菌、消毒、防腐、抗溃疡、抗癌等作用，常用于外用药、合成药中；作为重要的有机合成中间体可用于合成肉桂酸、肉桂醇、肉桂腈等系列产品；还可以用作饮料和食品的增香剂以及调和香料等。

肉桂醛的制备方法很多，如可采用苯甲醛和乙醛在稀碱的存在下发生羟醛缩合而得。而肉桂醛大量存在于肉桂皮和许多植物精油（如斯里兰卡肉桂精油、桂皮精油、玫瑰精油等）中，所以肉桂醛也可以从肉桂皮等产品中提取。提取的方法主要有溶剂萃取法、水蒸气蒸馏法、压榨法、乙醇热水法、微波提取法、超声波提取法等[1,2]。其中溶剂萃取法的原理是有机相和水相相互混合，水相中待分离的物质进入有机相后，再根据两相质量密度不同将两相分开。水蒸气蒸馏法的原理是将水蒸气通入含有不溶或微溶于水但有一定挥发性的有机物混合物中，并使之加热沸腾，待提取的有机物可在低于 100 ℃的情况下随水蒸气一起被蒸馏出来，从而达到提取或分离提纯的目的。

本实验分别采用溶剂萃取法和水蒸气蒸馏法两种方法从肉桂皮中提取肉桂醛。

三、试剂、材料和仪器

(1) 主要试剂

氯化钠、乙醚、无水氯化钙、无水硫酸钠、2,4-二硝基苯肼、溴化钾，均为分析纯；乙醇（95%）、Br_2-CCl_4溶液、Tollen 试剂。

(2) 主要材料

肉桂皮。

(3) 主要仪器

粉碎机、索氏提取器、电热套、蒸馏装置、球形冷凝管、水蒸气蒸馏装置、分液漏斗、阿贝折射仪、红外光谱仪。

四、实验内容

(1) 样品预处理

取 200 g 左右的肉桂皮，用粉碎机碾细成粉末，备用。

(2) 溶剂萃取法提取

① 称取 100 g 的肉桂皮粉末，采用 95% 的乙醇通过索氏提取器进行提取。回流提取时间约为 4 h。

② 提取后的乙醇溶液通过蒸馏装置进行乙醇的蒸馏回收。

③ 剩下的溶液通过水蒸气蒸馏装置进行肉桂醛的水蒸气蒸馏纯化。

④ 馏出液进行乙醚萃取（3 次）和无水氯化钙干燥。

⑤ 干燥后的乙醚萃取液采用蒸馏装置蒸出乙醚并回收，即得肉桂醛产品。

(3) 水蒸气蒸馏法提取

① 称取 50 g 的肉桂皮粉末放入 250 mL 圆底烧瓶中，加入 150 mL 水浸泡 1 h，然后装上球形冷凝管，加热回流 30 min。

② 冷却后拔出球形冷凝管，装上水蒸气蒸馏装置进行水蒸气蒸馏。

③ 馏出液进行乙醚萃取（3 次）和无水硫酸钠干燥。

④ 干燥后的乙醚萃取液采用水浴加热蒸出乙醚并回收，即得肉桂醛产品。

（4）产品鉴定

① 双键的鉴定：滴加 Br_2-CCl_4溶液。

② 羰基的鉴定：滴加 2,4-二硝基苯肼溶液。

③ 醛基的鉴定：滴加 Tollen 试剂。

④ 折射率的测定：采用阿贝折光仪。

⑤ 红外光谱的测定：采用傅里叶红外光谱仪。将测得产品的红外光谱图与肉桂醛标准谱图对比并进行谱图的识别与分析。

五、实验注意事项

（1）肉桂皮先用烘箱烘干后再粉碎。

（2）实验前应查阅相关文献，设计好索氏提取和水蒸气蒸馏的操作步骤。

（3）蒸馏回收乙醇和乙醚应在通风橱内进行。

（4）萃取分离有机相和水相时应分离完全，不要在有机相中带入过多水，否则很难干燥完全。

（5）由于肉桂醛易被氧化，提取后最好保存于真空干燥器中，不能与空气接触太长时间。

六、扩展思考

（1）有机物采用水蒸气蒸馏法提取的条件是什么？

（2）怎样定量检测精油中肉桂醛的含量？请设计实验从精油中提取肉桂醛。

七、参考文献

[1]　陈凌霞．化学专业综合实验．北京：化学工业出版社，2017.

[2]　胡满成，汤发有．大学综合化学实验．西安：陕西师范大学出版社，2009.

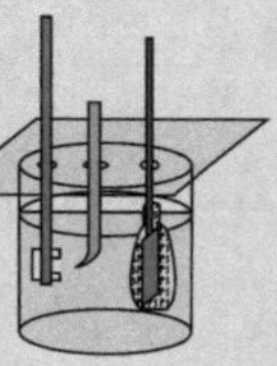

实验 1.5

基质固相分散-高效液相色谱法检测牛奶中兽药残留量

一、实验目的

食品安全是一个备受全球关注的公共安全问题。食品检测是保证食品安全的重要手段，严格且有效的检测方法可以为食品安全提供有力保障。通过本实验，学生可以了解食品中兽药残留检测的样品前处理方法；掌握基质固相分散萃取的基本原理和操作方法，掌握选择萃取吸附剂种类的方法。

二、实验原理和方法

(1) 原理

基质固相分散（matrix solid phase dispersion，MSPD）是 Barker 等[1]提出的一种用于固体、半固体及黏稠样品的前处理方法。与经典的固相萃取（SPE）装置不同，MSPD 萃取是将样品与固相吸附剂（C_{18}、硅胶等）一起研磨，使样品成微小的碎片分散在固相吸附剂表面，然后将此混合物装入空的 SPE 柱管或注射器针筒中，再用适当的溶剂将目标分析物洗脱下来。

MSPD 萃取的原理是通过固相吸附剂（分散剂）与样品研磨的剪切力将样品组织结构完全破坏，使内源性或外源性目标物在研磨过程中被释放出来，并根据极性大小分散或吸附在固相吸附剂的表面，从而达到快速溶解分离目标物的目的。

(2) 方法

MSPD 萃取的操作方法简单，一般包括研磨、转移、洗脱三个步骤。过程如图 1-5-1 所示：

食品中非甾体类抗炎药残留的检测方法主要有高效液相色谱法和液相色谱-串联质谱[2,3]。本实验采用高效液相色谱法检测。

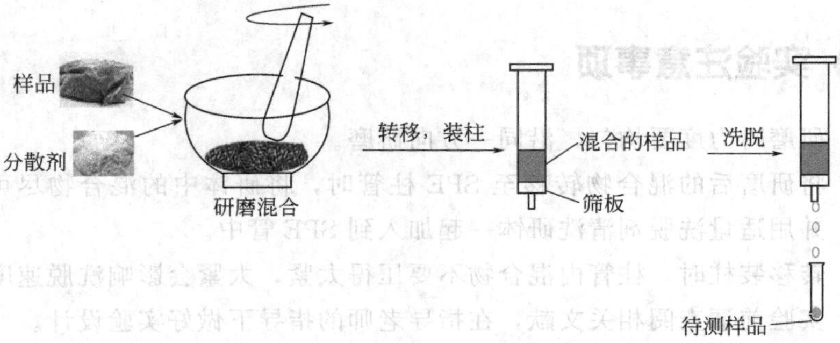

图 1-5-1　MSPD 萃取的操作流程图

三、试剂、材料和仪器

（1）主要试剂

非甾体类抗炎药标准品（萘普生、酮洛芬、氟芬那酸、托芬那酸、双氯芬酸等）、磷酸一氢钠、磷酸二氢钠、无水乙酸，纯度均为分析纯；甲醇、乙腈，均为色谱级试剂。

（2）主要材料

硅胶、C_{18} 硅胶填料、Oasis MAX 填料、Oasis WAX 填料、一次性注射器（2.5 mL、5 mL）、脱脂棉花。

（3）主要仪器

高效液相色谱仪、固相萃取仪、电子天平、pH 酸度计、氮吹仪；均质器、移液枪、容量瓶、烧杯等玻璃仪器。

四、实验内容

（1）MSPD 萃取条件优化

考察分散剂的类型、分散剂与样品的质量比，洗脱剂的种类及体积对萃取效率的影响，确立最佳萃取参数。

（2）色谱条件优化

考察流动相组成、配比，检测波长，洗脱程序等对色谱峰和灵敏度的影响，得到最优的色谱分离条件。

（3）MSPD-HPLC 方法学验证

考察方法的线性、精密度、加标回收率等。

（4）实际样品分析

在优化的 MSPD 萃取条件和色谱条件下，对牛奶样品进行 MSPD-HPLC 分析，并根据线性回归方程计算其中各种非甾体类抗炎药的含量。

五、实验注意事项

（1）研磨时力度要均匀，沿同一方向研磨。

（2）将研磨后的混合物转移至 SPE 柱管时，将研钵中的混合物尽可能转移至管中，并用适量洗脱剂清洗研钵一起加入到 SPE 管中。

（3）转移装柱时，柱管内混合物不要压得太紧，太紧会影响洗脱速度。

（4）实验前请查阅相关文献，在指导老师的指导下做好实验设计。

六、扩展思考

（1）与传统萃取方法相比，MSPD 萃取方法的优点和缺点有哪些？

（2）固相吸附剂的种类很多，对于不同性质的待测目标物的提取分离，如何选择合适的吸附剂？

（3）影响 MSPD 萃取的因素有哪些？

（4）在 MSPD 中，样品各组分、目标物与载体之间存在哪些作用力？

七、参考文献

[1] Barker S A. Journal of Chromatography A，2000，885：115-127.

[2] 王炼，黎源倩，王海波，等．分析化学，2011，39（2）：203-207.

[3] 胡婷，彭涛，李晓娟，等．分析化学，2012，40（2）：236-242.

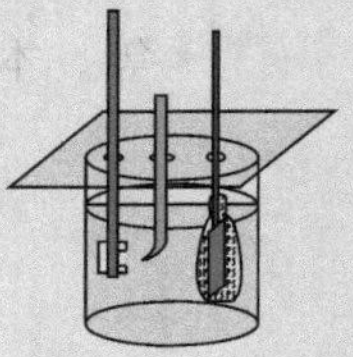

实验 1.6

植物中低分子量有机酸的 LPME-HPLC 分析

一、实验目的

复杂基质样品分析是当前分析化学领域的一个重要任务，也是分析化学学科面临的一个主要难题。通过本实验，学生可以了解复杂基质样品的分析测定原理和方法；掌握液相微萃取（LPME）这种样品前处理新技术的原理、模型和操作过程；掌握高效液相色谱（HPLC）法进行定性和定量分析的原理和方法，熟悉 HPLC 仪器的操作和数据的处理技术等。

二、实验原理和方法

为了尽可能地消除或减少复杂基质样品中基质的影响，通常需要在进行样品分析前首先对样品进行“净化”处理（即样品预处理）。经过预处理的样品，基质的种类和含量大大降低，干扰组分的影响也就大大减小，这样既保护了分析仪器，减轻了仪器被污染或损坏的程度，又提高了分析结果的准确性和可靠性。常用的样品预处理方法主要有液-液萃取、索氏提取、柱色谱、固相萃取等，这些方法一般具有处理过程繁杂、费时，消耗有机溶剂较多、不够绿色环保等缺点。LPME 技术则是一种快速、简便、环保的样品预处理新技术[1-3]，它集萃取、富集、净化为一步，所需溶剂量非常少，是微型化的液-液萃取。

LPME 技术基本原理是建立在样品与微升级甚至纳升级的萃取溶剂之间的分配平衡基础上的。根据操作方式的不同，LPME 可分为单滴液相微萃取（SDME）、膜液相微萃取（MLPME）和分散液液相微萃取（DLLME）等；根据萃取模式的不同，LPME 可分为两相液相微萃取和三相液相微萃取；根据样品和萃取液接触方式的不同，LPME 又可分为浸入式液相微萃取和顶空液相微萃取等；而根据萃取方法的不同，LPME 还可分为动态液相微萃取和静态液相微萃取等。本实验建议采用的是浸入式三相动态膜液相微萃取装置（见图 1-6-1）。

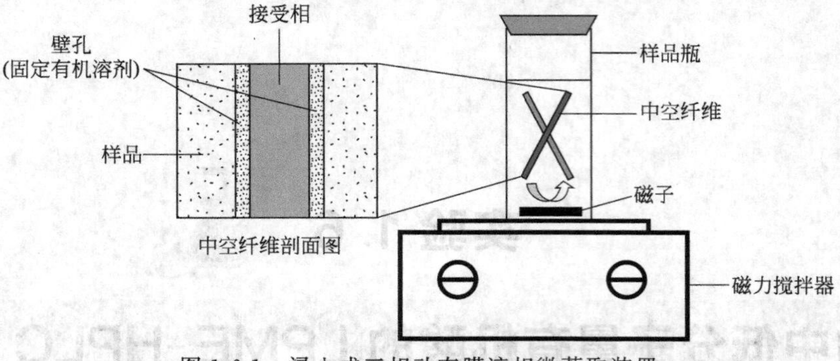

图 1-6-1　浸入式三相动态膜液相微萃取装置

低分子量有机酸的检测方法很多，目前使用较多的有分光光度法[4]、酶法[5]、毛细管电泳（CE）法[6]、气相色谱（GC）法[7]、离子色谱（IC）法[8]和 HPLC 法[9,10]等。其中色谱法是有机酸分析中最常用的方法。本实验建议采用 HPLC 法。

三、试剂、材料和仪器

（1）主要试剂

低分子量有机酸（如草酸、酒石酸、苹果酸、甲酸、乳酸、乙酸、柠檬酸、琥珀酸等）、磷酸、磷酸二氢钾、氢氧化钾、甲醇、丙酮、正辛醇、三正辛胺（TOA）、磷酸三丁酯（TBP）、乙酸乙酯、氯化钾。其中甲醇为色谱级试剂，其余为分析纯试剂。

（2）主要材料

聚丙烯中空纤维（Accurel Q3/2，Membrana，Wuppertal，Germany，壁厚 200 μm、孔径 0.2 μm、内径 600 μm）、反相 C_{18} 色谱柱。

（3）主要仪器

高效液相色谱仪、精密酸度计、电子天平、隔膜真空泵、恒温磁力搅拌器、超声波清洗仪、微量进样器、榨汁器、移液枪以及容量瓶、烧杯等玻璃仪器。

四、实验内容

（1）色谱条件的优化

主要考察流动相的类型、配比、pH 和流速，检测波长，柱温，减尾剂等因素对有机酸的色谱分析的影响，并通过实验获得优化的色谱参数。

（2）微萃取条件的优化

主要考察给出相和接收相的 pH、萃取剂的类型、萃取时间、磁子转速、盐效应等因素对有机酸的萃取的影响，并通过实验获得优化的微萃取参数。

(3) 色谱定量分析方法的建立

采用外标法，建立各种有机酸的校准曲线，并对方法的精密度和灵敏度进行评价。

(4) 样品分析

根据所建立的微萃取和色谱方法，对实际样品进行分析，并对方法的准确度进行评价。

五、实验注意事项

(1) 进行微萃取操作时，聚丙烯中空纤维加载萃取剂和接收相后，特别注意要将其两端密封好，否则将导致实验失败。

(2) 一般反相 C_{18} 色谱柱的 pH 耐受范围为 2～10，所以流动相的 pH 不要超出此范围，否则会损坏色谱柱。

(3) 实验前应查阅足够的参考文献，并设计好实验方案后方可进行实验。

六、扩展思考

(1) 液相微萃取技术的优点和缺点是什么?

(2) 液相微萃取的模式很多，对不同性质的待测物（如酸性、碱性或中性物质），如果让你设计一种微萃取模式，该如何选择?

(3) 液相微萃取技术中选择萃取剂的依据是什么?

(4) 未来复杂基质样品分析的发展趋势是什么?

七、参考文献

[1] 罗明标，刘维，李伯平，等. 分析化学，2007，35 (7)：1071-1077.

[2] 丁健桦，何海霞，杨新磊，等. 色谱，2008，26 (1)：88-92.

[3] 张英，丁健桦，向虹霖，等. 分析测试学报，2017，36 (11)：1352-1356.

[4] Dias A C B，Silva R A O，Arruda M A Z. Microchemical Journal，2010，96 (1)：151-156.

[5] Plantá M，Lázaro F，Puchades R，et al. Analyst，1993，118 (9)：1193-1197.

[6] 王敏，屈锋，林金明. 分析科学学报，2005，21 (4)：454-458.

[7] Mato I，Suárez-Luque S，Huidobro J F. Food Research International，2005，38 (10)：1175-1188.

[8] Chinnici F，Spinabelli U，Riponi C，et al. Journal of Food Composition and Analysis，2005，18 (2-3)：121-130.

[9] Gregory R C. Journal of Chromatography A，2003，1011 (1)：233-240.

[10] Ding J H，Wang X X，Zhang T L，et al. Journal of Liquid Chromatography & Related Technologies，2006，29 (1)：99-112.

实验 1.7

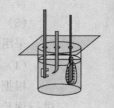

蔬菜中有机磷农药的气相色谱-质谱联用法测定

一、实验目的

农药残留的检测不仅是食品安全的重要保障，同时对农业生产（施药）具有指导作用。通过本实验，学生可以了解农药残留检测的方法和原理；掌握气相色谱-质谱联用（GC-MS）技术对甲胺磷、马拉硫磷等有机磷农药进行定性和定量检测的原理和方法；熟悉 GC-MS 仪器的操作、谱图解析和数据的处理技术。

二、实验原理与方法

有机磷农药是一类高效、广谱类的杀虫剂，广泛用于水稻、蔬菜等作物的病虫害的防治[1]。其中甲胺磷、马拉硫磷均属于有机磷产品中的高毒品种，过量使用或滥用将对人们的身体健康有严重的危害。

目前对食品中有机磷农药残留量进行检测的国家标准方法是采用气相色谱法（配有火焰光度检测器或氮磷检测器），虽然该方法灵敏度和准确度可以达到检测要求，但是当存在样品基质干扰时，可能出现基质与待测物的色谱峰相互重叠的情况，从而使得待测物难于准确测定。

GC-MS 技术则充分利用了气相色谱对复杂有机物的高效分离能力和质谱对化合物的准确鉴定能力[2]，可以对复杂样品中有机物进行准确的定性和定量分析。本实验即采用 GC-MS 法测定蔬菜中甲胺磷和马拉硫磷的残留量。

三、试剂、材料和仪器

（1）主要试剂

无水硫酸钠、丙酮，均为分析纯；活性炭、甲胺磷标准品、马拉硫磷标准品。

（2）主要材料

蔬菜。

（3）主要仪器

研钵、电动振荡器、GC-MS 联用仪。

四、实验内容

（1）农药标准储备液和标准溶液的配制

分别取适量甲胺磷标准品和马拉硫磷标准品，用丙酮配成 100 μg/L 的甲胺磷和马拉硫磷标准储备液；临用前将甲胺磷和马拉硫磷标准储备液稀释成所需浓度的标准溶液，置于冰箱中保存待用。

（2）活性炭的预处理

取适量活性炭，用 3 mol/L 的盐酸浸泡过夜，再抽滤至中性，在 120 ℃下烘干，备用。

（3）样品预处理

① 称取 10 g 左右的蔬菜样品于研钵中，与无水硫酸钠一起研成干粉。

② 加入丙酮溶液约 30 mL，振荡提取约 30 min，静置约 5 min，取出上清液。重复以上操作一次。合并上清液。

③ 上清液中加入少量处理过的活性炭以去除色素，过滤，滤液在避光的条件下自然干燥浓缩，然后用丙酮定容至 5 mL，备用。

（4）甲胺磷和马拉硫磷的定性分析

① 设定 GC-MS 的色谱和质谱条件，取 1 μL 标准溶液进样，测定甲胺磷和马拉硫磷的一级质谱图，并分别检索它们的标准质谱图，将测得的质谱图与之进行比较。

② 从甲胺磷和马拉硫磷的一级质谱图中分别选出母离子（如甲胺磷的 m/z 142 和马拉硫磷的 m/z 285）进行二级质谱分析，获得它们的 MS/MS 碎片离子（如甲胺磷的 m/z 141，126，111，64 和马拉硫磷的 m/z 173，127）。

③ 根据甲胺磷和马拉硫磷的二级碎片离子定性判断样品中是否存在甲胺磷和马拉硫磷。

（4）甲胺磷和马拉硫磷的定量分析

① 配制甲胺磷和马拉硫磷的标准混合溶液，以峰面积（或峰高）对各组分的浓度求出回归方程，绘制标准曲线。

② 测定方法的精密度和检出限。

③ 测定蔬菜样品中甲胺磷和马拉硫磷的含量。

④ 测定方法的回收率。

五、实验注意事项

（1）配制甲胺磷和马拉硫磷的标准混合溶液时，应根据它们各自的检测灵敏度进行合理配制。

（2）实验前应查阅相关文献，掌握 GC-MS 的操作方法，并设定好 GC 和 MS 的条件。

六、扩展思考

（1）试说明如何采用 GC-MS 对某有机物进行定性和定量分析？

（2）请提出 3 种可用于本实验的样品前处理方法。

（3）请进一步设计测定某个有机磷农药的实验方案。

七、参考文献

［1］ 陈凌霞．化学专业综合实验．北京：化学工业出版社，2017.

［2］ 林建原，吴晓杰．中国食品学报，2012，12（3）：160-166.

实验 1.8

新鲜鸡蛋中重要营养成分的测定

一、实验目的

了解食品中营养成分的含量及存在形态是医学、生命科学、人类学及社会科学等研究的科学依据。通过本实验，学生可以熟悉生物样品（如鸡蛋）中蛋白质和微量元素的常用测定方法及测定的基本原理和操作方法；掌握生物样品的前处理方法。

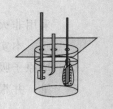

二、实验原理和方法

众所周知，鸡蛋营养价值高，不但含有丰富的蛋白质，还含有丰富的脂质、维生素以及钙、铁、钠、钾、磷等多种无机矿物质，而这些营养成分是人体生命和生理活动过程中不可或缺的物质。

紫外-可见分光光度法是以溶液中物质分子对光的选择性吸收为基础而建立起来的一类分析方法，研究的是分子在 190～750 nm 范围内的吸收光谱。由于蛋白质中酪氨酸和色氨酸残基的苯环含有共轭双键，所以蛋白质溶液在 275～280 nm具有一个紫外吸收高峰[1]。在一定浓度范围内，蛋白质溶液在最大吸收波长处的吸光度与其浓度成正比，服从朗伯-比耳定律，因此紫外-可见分光光度法可作蛋白质的定量分析。

原子吸收光谱法是基于气态的基态原子外层电子对紫外光和可见光范围内相对应的原子共振辐射线的吸收强度来定量被测元素含量的分析方法，是一种测量特定气态原子对光辐射的吸收的方法。在一定浓度范围内，被测元素的浓度、入射光强和透射光强三者之间的关系符合朗伯-比耳定律，根据这一关系可以用校准曲线法或标准加入法来测定未知溶液中某元素的含量。其中钙、镁是火焰原子化的敏感元素，可采用火焰原子吸收光谱法进行测定[2,3]；而微量元素锰和铜则采用非火焰石墨炉原子吸收光谱法进行测定[3]。

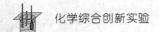

本实验分别采用紫外-可见分光光度法、火焰原子吸收光谱法、非火焰石墨炉原子吸收光谱法测定蛋清和蛋黄中的蛋白质以及钙、镁、锰、铜等元素的含量，并根据测定结果，分别获得蛋清和蛋黄中蛋白质和无机元素含量的差异。

三、试剂、材料和仪器

(1) 主要试剂

鸡卵清蛋白标准样品、钙标准溶液（100 μg/mL）、镁标准溶液（100 μg/mL）、锰标准溶液（5 ng/mL）、铜标准溶液（10 ng/mL）、镧标准溶液（10 mg/mL）、盐酸溶液（0.1 mol/L）、乙酸铵溶液（1.0 mol/L）、去离子水。

(2) 主要材料

新鲜鸡蛋（1 枚）。

(3) 主要仪器

紫外-可见分光光度计、火焰原子吸收分光光度计、石墨炉原子吸收分光光度计、蛋清蛋黄分离器、电子天平、摇床、高速离心机、磨口具塞锥形瓶、滴管、比色管（10 mL、25 mL）、移液枪、烧杯。

四、实验内容

(1) 样品处理

取新鲜鸡蛋，用蛋清蛋黄分离器将蛋清和蛋黄分离后分别置于 100 mL 烧杯中。分别准确称取 4 g 蛋清、2 g 蛋黄各两份，置于 100 mL 磨口具塞锥形瓶中。在其中一组蛋清和蛋黄样品中分别加入 0.1 mol/L 盐酸溶液，另一组蛋清和蛋黄样品中分别加入 1.0 mol/L 乙酸铵溶液，使每个样品总质量均达到 25.0 g，然后置于摇床上振荡 10 min。

取上述溶液至离心管中，放入高速离心机，在 10000 r/min 的条件下离心 20 min，然后取上清液至 25 mL 比色管中，备用。

(2) 蛋白质含量的测定

分别采用盐酸体系和乙酸铵体系对蛋清和蛋黄中的蛋白质含量进行定量分析。具体程序如下：

① 配制卵清蛋白标准储备液。取鸡卵清蛋白标样，分别采用盐酸和乙酸铵溶液进行溶解和定容，配制浓度分别为 1 mg/mL 的卵清蛋白盐酸标准储备液和 10 mg/mL 的卵清蛋白乙酸铵标准储备液。

② 绘制标准曲线。分别取卵清蛋白盐酸标准储备液和卵清蛋白乙酸铵标准储备液，稀释后配成一定的标准溶液系列，并采用紫外-可见分光光度计进行测

定，根据标准溶液系列中吸光度和浓度的关系建立标准曲线和线性回归方程。

③ 测定蛋清和蛋黄中蛋白质的含量。首先将处理好的盐酸体系的蛋清和蛋黄样品溶液分别稀释1000倍，乙酸铵体系的蛋黄样品溶液稀释50倍。然后采用紫外-可见分光光度计，选择以各自体系的溶剂作为参比溶液，对每一个样品溶液进行测定，根据样品的吸光度找到蛋清和蛋黄中卵清蛋白的含量。对照盐酸体系和乙酸铵体系的蛋清和蛋黄中卵清蛋白的含量。

(3) 无机元素的测定

分别采用火焰原子吸收光谱法和非火焰石墨炉原子吸收光谱法测定蛋清/蛋黄中的钙、镁、锰和铜。具体程序如下：

① 火焰原子吸收光谱法测定蛋清和蛋黄中钙和镁的含量。首先，分别取钙和镁的标准溶液，用去离子水稀释后配成一定数量的标准溶液系列。然后采用标准加入法，分别移取盐酸体系的蛋清和蛋黄样品各若干份，加入系列浓度钙和镁的标准溶液，每份再加入适量10 mg/mL的镧标准溶液，采用火焰原子吸收分光光度计进行测定，根据测定结果绘制标准曲线。在标准曲线上找出样品中钙和镁的浓度，并计算出蛋清和蛋黄中钙和镁的含量。比较蛋清和蛋黄中钙和镁的含量。

② 非火焰石墨炉原子吸收光谱法测定蛋清和蛋黄中锰和铜的含量。首先，分别取锰和铜的标准溶液，用去离子水稀释后配成一定数量的标准溶液系列。然后采用标准加入法，分别移取盐酸体系的蛋清和蛋黄样品各若干份（其中蛋黄样品用盐酸溶液稀释50倍），加入系列浓度锰和铜的标准溶液，采用石墨炉原子吸收分光光度计进行测定，根据测定结果绘制标准曲线。在标准曲线上找出样品中锰和铜的浓度，并计算出蛋清和蛋黄中锰和铜的含量。比较蛋清和蛋黄中锰和铜的含量。

五、实验注意事项

(1) 使用高速离心机时应注意保持放入离心机的离心管对称放置，而且对称位置的离心管中溶液的质量应大致相同。

(2) 取离心后的上清液时要小心，不要搅动起离心管底部的沉淀物。

(3) 盐酸体系中，以203 nm的峰为测量峰进行蛋白质含量的定量分析；乙酸铵体系中，以280 nm的峰为测量峰进行蛋白质含量的定量分析。

(4) 5 ng/mL的锰标准溶液和10 ng/mL的铜标准溶液要现用现配。

六、扩展思考

(1) 为什么本实验测定鸡蛋中蛋白质含量时，可以选择卵清蛋白作为标准物质？哪些因素会影响或干扰蛋白质含量的测定？

（2）为什么采用标准加入法测定蛋清和蛋黄中的钙、镁、锰和铜含量？

（3）火焰原子吸收光谱法和非火焰石墨炉原子吸收光谱法有什么异同？为什么测定蛋清和蛋黄中钙和镁的含量采用火焰原子吸收光谱法，而测定蛋清和蛋黄中锰和铜的含量采用非火焰石墨炉原子吸收光谱法？

七、参考文献

[1] 高佩佩，李志成，师博，等．食品工业科技，2015，36（11）：261-264.

[2] 岳玉秀．生物化工，2017（2）：9.

[3] 陈艳珍，张录强，宋新华，等．微量元素与健康研究，2006，23（6）：32-34.

实验 1.9

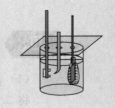

β-环糊精交联树脂的合成及分离分析微量铜

一、实验目的

（1）学会 β-环糊精交联树脂的合成方法。

（2）掌握固相萃取的原理及 β-环糊精交联树脂的分析应用。

二、实验原理与方法

β-环糊精（β-CD）能与环氧氯丙烷形成交联聚合物 β-环糊精交联树脂，缩写为β-CDCP。该树脂保留了β-CD 的“分子囊”空腔，可作为高吸水树脂，具有吸水性、保水性以及对药物、香料的吸附、包合性等性能，而且树脂本身是球状或颗粒状固体，不溶于水，可反复使用，降低成本。

β-CDCP 作为固相吸附材料可以用来分离富集痕量金属离子。例如直接吸附游离的 Pt（IV）[1]；负载疏水性的配合剂形成螯合树脂分离富集痕量金属 Cu^{2+}、Ni^{2+}、Cd^{2+}、Mn^{2+}等[2,3]。本实验采用 β-CDCP，通过静态吸附法吸附水样中微量的铜，然后用石墨炉原子吸收光谱法进行测定。

三、试剂和仪器

（1）主要试剂

铜标准溶液（0.1 μg/mL）、β-CD；环氧氯丙烷、氢氧化钠、1-(2-吡啶偶氮)-2-萘酚（PAN），均为分析纯。

（2）主要仪器

石墨炉原子吸收光谱仪、振荡器、超声波清洗器、恒温水浴锅、电动搅拌器、索氏提取器、电热套、干燥箱、循环水真空泵、三口烧瓶、球形冷凝管、滴液漏斗、抽滤瓶、锥形瓶、布氏漏斗、研钵。

四、实验内容

（1）β-CDCP 的制备

将 5.0 g 的 β-CD 和 4.0 g 氢氧化钠固体加入装有回流冷凝管、电动搅拌器、恒压滴液漏斗的三口烧瓶中。再加入 8 mL 水调成糊状，搅拌均匀，升温至 65 ℃，在搅拌下逐滴加入 15 mL 环氧氯丙烷，保持 65 ℃回流 1 h。停止搅拌，得黄色或白色颗粒状共聚物，趁热抽滤，固体依次用丙酮和水洗数次至中性，抽干，用丙酮抽提 24 h，在 90 ℃下干燥 10 h，得白色颗粒状固体产物，研细备用。

（2）静态吸附 Cu（Ⅱ）

称取 0.3 g 的 β-CDCP 于离心管中，加配合剂 PAN 进行负载后，加入含铜水样，再用蒸馏水定容至 4.0 mL，室温振荡，离心分离，取上清液，用石墨炉原子吸收光谱法测定剩余的铜离子量。

主要考察以下条件对静态吸附效率的影响：

① PAN 的用量；

② 配合反应时溶液的 pH；

③ 配合反应时的温度；

④ 配合反应时的时间；

⑤ 样品用量。

（3）测定工作曲线的绘制

取铜标准溶液，稀释成系列浓度的铜溶液，按（2）的方法进行静态吸附后，溶液用石墨炉原子吸收光谱法测定，绘制工作曲线，同时考察方法的精密度和灵敏度。

（4）样品测定

平行取样品溶液两份，其中第一份按（2）的方法进行静态吸附后，溶液用石墨炉原子吸收光谱法测定，然后根据工作曲线计算出样品中铜离子的含量；第二份加入适量的铜标准溶液后与第一份进行相同的操作，根据测定结果计算样品的加标回收率。

五、实验注意事项

（1）必须严格控制 β-CDCP 的合成条件。

（2）β-CDCP 需研细使用。

（3）将使用过的 β-CDCP 经过洗脱处理后可重复利用，具体洗脱方法为：用 0.4 mol/L 的稀盐酸浸泡后洗涤至中性，烘干。

六、扩展思考

（1）β-CD 和 β-CDCP 的性质有什么异同？

（2）β-CD 与环氧氯丙烷的交联反应为什么要在碱性条件下进行？交联反应产物又为什么需要用丙酮抽提 24 h？

（3）静态吸附的基本原理是什么？

（4）请设计实验计算 β-CDCP 的吸附容量。

七、参考文献

[1] 杨小秋，邱海鸥，李金莲，等. 分析化学，2005，33（9）：1275-1278.

[2] Zhu X，Wu M，Sun J，et al. Analytical Letters，2008，41（12）：2186-2202.

[3] Zhu X S，Gu Y，Hou T T. Advanced Materials Research，2011，284-286：82-86.

实验 1.10

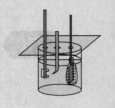

电喷雾萃取电离质谱快速测定牙膏中的二甘醇

一、实验目的

与传统质谱相比，新兴质谱技术如电喷雾解吸电离（DESI）、电喷雾萃取电离（EESI）、表面解吸化学电离（SDAPCI）等均可在常压及无需样品预处理的条件下实现复杂样品的直接分析。通过本实验，学生可以掌握电喷雾萃取电离质谱（EESI-MS）原理、特性及操作方法，并熟练掌握采用 EESI-MS 快速、直接测定复杂基质样品（牙膏初提液）中二甘醇的方法。

二、实验原理和方法

二甘醇（DEG，M_w 106）即一缩二乙二醇，曾被当作保湿剂添加到牙膏中。但近年发现过量摄入二甘醇将损害肾脏以及中枢神经系统，甚至出现急性肾功能衰竭而死亡。欧盟食品科学委员会规定，每日二甘醇摄入量不得超过 0.5 mg/kg 体重。我国国家质量监督检验检疫总局在 2007 年发布的 107 号公告中也明确禁止使用二甘醇作为牙膏原料，而商品牙膏必须强制检测二甘醇。

由于牙膏为胶状的纳米级复杂基质样品，现行国家标准方法[1]和其他常用方法[2]都需要对样品进行气相或液相色谱分离，然后才能够进行质谱等方法的测定。而色谱分离前，一般都要对实际样品进行复杂的预处理才能够继续后续分析，加上色谱分离的时间，现有的常规方法对单个样品的测定时间通常要超过 40 min[1,2]，既费时又费力。新兴质谱技术 EESI-MS 则无需样品预处理，在常压下实现复杂样品的直接分析。各种复杂基质样品，如牛奶、尿液等[3,4]均可以直接进行连续的在线分析而没有明显的基体效应或者灵敏度降低等现象。

典型的 EESI 离子源[4]由两路相互独立的喷雾通道构成，一路用于引入中性样品，称作样品通道；另一路用于制备带电的试剂（如甲醇）离子，称作试剂通道（如图 1-10-1 所示）。当两路雾滴在质谱仪的入口前交叉碰撞时，发生在线液-液微萃取，同时样品中待测物被溶剂形成的带电雾滴离子化，所形成的待测物离子通过质谱仪的入口被引入到质谱仪中进行质量分析。EESI 离子源两个毛细管喷嘴与质谱仪入口之间的角度 α 和 β 以及距离 a 和 b 可以根据需要进行调节，以达到最佳实验效果。本实验中，a=10 mm，b=3 mm，α=150°，β=60°。

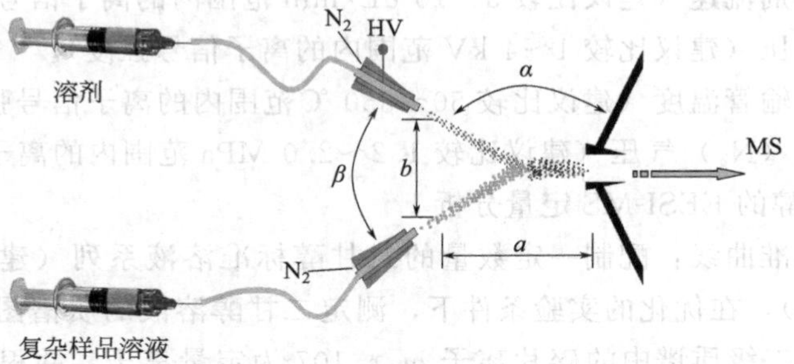

图 1-10-1　EESI 源的原理

本实验无需色谱分离，采用 EESI-MS 对牙膏初提液进行直接测定，即可准确地获得定性分析和定量测量结果，几分钟即可完成单个样品的测定，为牙膏等胶状纳米级复杂基质样品的快速测定提供有益的参考[5]。

三、试剂和仪器

（1）主要试剂

二甘醇、甲醇、乙酸铵、乙醇、丙酮，均为分析纯；氮气（纯度在 99%以上）。

（2）主要仪器

EESI 源、LTQ-MS 仪、超声波清洗器。

四、实验内容

（1）二甘醇的 EESI-MS 定性分析

设置 LTQ-MS 为正离子检测模式，质谱扫描范围为 m/z 50～600；喷雾电压为 4.0 kV；毛细管温度为 275 ℃；喷雾气（N_2）压力为 1.6 MPa；溶剂和样品溶液流速均为 5 μL/min。在串联质谱分析时，母离子的隔离宽度为 1.0 Da，碰撞时间为 30 ms，碰撞能量为 28% CE，质谱检测扫描范围为 m/z 50～200。其他参数由 LTQ-MS 系统自动优化。

在以上实验条件下，获得二甘醇的 MS 和 MS^n 谱图，对二甘醇进行定性分析。

(2) 二甘醇 EESI-MS 分析条件的优化

影响质谱信号的因素较多，除了 EESI 离子源外，其他条件一般采用仪器自动优化。下面主要考察以下 EESI 源的工作条件对提取效率的影响：

① 喷雾溶剂种类（建议比较甲醇/乙酸铵、水/乙酸铵和甲醇/水/乙酸铵作喷雾溶剂时的离子信号强度）。

② 喷雾溶剂流速（建议比较 5～15 μL/min 范围内的离子信号强度）。

③ 喷雾电压（建议比较 1～4 kV 范围内的离子信号强度）。

④ 离子传输管温度（建议比较 50～350 ℃范围内的离子信号强度）。

⑤ 喷雾气（N_2）气压（建议比较 1.2～2.0 MPa 范围内的离子信号强度）。

(3) 二甘醇的 EESI-MS 定量分析

① 绘制标准曲线：配制一定数量的二甘醇标准溶液系列（建议浓度范围是 4～5 个数量级），在优化的实验条件下，测定二甘醇溶液的质谱图。建议以母离子 m/z 124 的二级质谱中的碎片离子 m/z 107 为定量离子，并根据测定结果绘制标准曲线。

② 测定和计算方法的精密度、检出限及加标回收率。

(4) 牙膏样品中二甘醇的检测

① 牙膏中二甘醇的提取：定量称取牙膏样品 0.1 g 左右（精确至 1 mg）于自动进样瓶中，加入适量提取剂，稍加搅拌并超声提取一定时间后，静置至分层，取上层液，即得牙膏初提液。

主要考察以下条件对提取效率的影响：

a. 提取剂种类（建议比较甲醇、乙醇和丙酮的提取效率）。

b. 提取时间（建议比较 30 s、60 s、90 s 和 120 s 的提取效率）。

② 牙膏中二甘醇的测定：在优化的 EESI-MS 条件下，对牙膏初提液进行分析，获得相应的 MS 和 MS^n 谱图，并根据二级碎片离子 m/z 107 的信号强度和二甘醇的标准曲线计算出二甘醇的含量。

五、实验注意事项

(1) EESI 离子源可以通过查阅文献自行搭建。

(2) 离子源的参数和质谱仪的条件对二甘醇的测定具有重要作用，应细心地优化好。

(3) 选择好合适的二甘醇的定量离子非常重要，关系到测定的灵敏度，避免假阳性的产生。

六、扩展思考

(1) 请阐述 EESI 的原理。

（2）测定牙膏中的二甘醇时，EESI-MS 法与常规方法相比，有哪些优点？

（3）为什么在 EESI-MS 测定二甘醇时，要在喷雾溶剂中添加少量乙酸铵？

七、参考文献

［1］ 中华人民共和国国家质量监督检验检疫总局．牙膏中二甘醇的测定：GB/T 21842—2008. 北京：中国标准出版社，2008.

［2］ 蒋一昕，何坚刚，吴璟．分析试验室，2007，26：201-204.

［3］ Zhou Z，Jin M，Ding J，et al. Metabolomics，2007，3（2）：101-104.

［4］ Chen H，Venter A，Cooks R. Chemical Communications，2006，2042-2044.

［5］ 丁健桦，杨水平，刘清，等．高等学校化学学报，2009，30（8）：1533-1537.

第二单元

材料化学

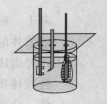

实验 2.1

磁性乳状液的制备及其悬浮稳定性

一、实验目的

（1）学会水基磁流体的制备方法，理解磁性胶体和普通胶体的异同。

（2）学会油/水磁性乳状液的制备方法，理解乳化剂的原理。

（3）学会使用超声波细胞破碎仪，理解超声空化原理。

（4）学会用古埃磁天平测量磁性胶体的磁性和稳定性。

（5）理解明胶作为表面活性剂在制备纳米磁粒子中的两种作用：控制纳米粒子的生长，防止磁性粒子聚结。

二、实验原理和方法

乳状液在当代精细化学产品中发展迅速，如油墨、油漆、药物制剂和化妆品等，因此乳状液的制备和稳定性表征对于应用化学专业的学生来说具有重要意义。

磁性乳状液是一种热力学不稳定的多组分多相系统，至少由三相组成，即固相纳米磁粒子、水相和有机相，磁粒子可以分散在水相或是有机相中，形成水/油或是油/水型乳状液。磁性乳状液在广义上属于磁性胶体，是磁性胶体的进一步发展。

磁性乳状液背景：

（1）组成

水相、油相和乳化剂，纳米磁粒子在包裹表面活性剂的条件下可以分散在水相或是油相中，形成磁性乳状液。

磁性胶体也称磁流体、磁性液体，是美国宇航局（NASA）于 1965 年研制成功的，并被应用在宇航服可动部件的密封以及在太空失重条件下液体燃料的控制上。磁性胶体和普通胶体有两点不同：第一，磁性胶体的胶粒是磁性的，而普通胶体的胶粒没有磁性；第二，磁性胶体由纳米磁性粒子、载液和表面活性剂三组分组成，而普通胶体一般由纳米粒子和载液（或称分散介质）两部分组成。磁性胶体按照其三个组成部分的特性进行分类：按磁粒子分类可分为铁氧体系磁流体、金属及其合金系磁流体、氮化铁磁流体；按载液分类，可分为水基磁流体、煤油基磁流体、硅油基磁流体、汞基磁流体等；按表面活性剂分类，可分为油酸磁流体、明胶磁流体等。表面活性剂具有两亲性，既可亲水又可亲油。表面活性剂的一端化学吸附在磁粒子表面，另一端和载液有很强的亲和力，能够帮助磁粒子稳定地分散于载液中。

（2）应用

磁性胶体既有固体的强磁性，又有液体的流变性，其流动和分布可由外加磁场实施定向和定位控制，是一种高科技智能材料，自从美国宇航局首次将其应用于宇航服以来，磁流体的应用迅速扩展到其他领域，如真空密封、音圈定位和散热、快速印刷、分选矿物、精密研磨、传感器、细胞磁分离、肿瘤的磁栓塞治疗、X 射线造影剂，等等。

（3）稳定性

磁性胶体的稳定性原理：磁性粒子分散在载液中（如水或油），磁粒子的密度一般都大于载液的密度，因此会发生重力沉降，导致和载液分层，磁粒子必须足够小，如小于 20 nm，则其颗粒的混乱的热运动可阻止其沉降，从而达到稳定地分散和悬浮，磁粒子之间由于具有磁吸引力和分子间作用力，会发生相互聚结而产生沉降。磁粒子间的相互吸引力和粒子间的距离有很大的关系，粒子间的距离越小，则吸引力越大，越容易聚结，为了阻止磁粒子相互靠得太近，可在磁粒子表面包裹一层表面活性剂形成“弹簧垫”，阻止磁粒子聚结。

磁性乳状液的稳定性增强原理在于，有机相液滴的密度较小，同时以纳米级尺寸分散在水相中，具有抗沉降的阻碍力，从而增强密度较大的磁粒子的悬浮稳定性。

（4）测量原理

磁流体的磁性和稳定性一般采用振动样品磁强计、BH 仪、热磁分析仪以及古埃磁天平等仪器进行测量。

本实验采用古埃磁天平来测量磁流体的磁性和稳定性。磁流体虽然具有强磁性，但它与铁磁性物质不同，在进行磁化时，它没有磁滞，而是具有超顺磁性。在低磁场范围内，磁流体以恒定的磁化率磁化，χ 为常数，磁化强度 M 与磁场强度 H 成正比。在高磁场中，磁化达到饱和，饱和后磁化强度 M_s 为常数。磁化强度的一般表达式为：$M=\chi H$。磁性物质在不均匀磁场中会受到一个指向场强大的方向的力的作用，大小与物质的磁化强度、磁场强度及梯度有关，这个力可由天平测出，即 $f=\Delta w=w_2-w_1$。

实验称出样品在无磁场时的质量 w_1，接着称出样品在磁场中的质量 w_2，两值相减得到样品的磁增重 Δw，在其他条件都确定的情况下磁增重越大，样品的磁性越强。本实验用磁增重数据来直接表征磁流体的磁性。

磁流体的稳定性可用磁增重随时间的变化关系来表达，磁增重随时间衰减越快，说明磁流体越不稳定，若磁增重一直保持不变，说明磁流体非常稳定。

三、试剂和仪器

（1）主要试剂

$FeSO_4 \cdot 7H_2O$、$Fe(NO_3)_3 \cdot 9H_2O$、$NH_3 \cdot H_2O$、$FeCl_2$、$FeCl_3$、环己烷，均为分析纯；明胶、曲拉通、煤油、油酸、十二烷基磺酸钠、OP 乳化剂，均为化学纯。

（2）主要仪器

控温反应装置、电动搅拌器、磁力搅拌器、古埃磁天平、超声波细胞破碎仪。

四、实验内容

（1）建议实验路线

① 制备水基磁性液体，把磁粒子分散在水相中。

② 选择环己烷为有机相，选择合适的乳化剂，制备水包油型磁性乳状液。

③ 采用超声空化法帮助制备稳定的乳状液。

④ 采用古埃磁天平表征磁性乳状液的磁性和稳定性。

（2）建议实验方法

① 调节恒温反应器温度为 50 ℃，预热 30 min。

② 共沉淀反应：取 10 mL 0.1 mol/L Fe^{2+}，10 mL 0.2 mol/L Fe^{3+}，20 mL 1%明胶，加入 100 mL 三颈瓶中，滴加氨水（浓氨水稀释 2 倍）至 pH 为 10，出现黑色悬浮物。搅拌时速度不能太快，以免带入大量氧气，控制搅拌时溶液中不产生气泡。

③ 倒出少量磁性胶体于 50 mL 烧杯中，置于磁力搅拌器上，观测磁流体是否旋转，以及是否有磁光效应。如果旋转，则继续进行磁天平测量。

④ 将制备得到的水基磁流体与环己烷和乳化剂以适当比例混合，在超声波破碎仪中进行超声空化，得到磁性乳状液。

⑤ 将磁性乳状液倒入样品管中，在没有磁场时称其重量 w_1，然后在磁场下称其重量 w_2，求得磁增重 Δw。

⑥ 在不同时间测磁性乳状液的磁增重，得到磁增重随时间的变化曲线。

⑦ 复分散实验——乳状液中有磁粒子聚结并发生沉降时，可用超声波细胞破碎仪进行超声振荡，使得沉降下来的粒子重新悬浮。

(3) 自行设计实验参数，寻求最优化条件

以磁流体的磁增重 Δw 及磁增重 Δw 随时间的变化为参考，即磁增重 Δw 越大越好，磁增重 Δw 随时间的变化越小越好。改变反应的温度、反应物的浓度、加液方式、搅拌速度、pH 等，以求得最优的制备磁流体的条件。

① 温度的影响（室温到 90 ℃范围改变）。

② 反应物浓度的影响。

③ 加液方式的影响。

④ 搅拌速度的影响。

⑤ pH 的影响。

⑥ 其他杂质离子的影响。

⑦ 表面活性剂的影响。

⑧ 水相、有机相和乳化剂配比的影响。

⑨ 超声波照射的时间和强度对分散的影响。

五、实验注意事项

(1) 在加氨水时，要用滴液漏斗慢速滴加。加液速度太快，形成的磁粒子较多，很容易发生粒子的团聚，从而使得磁粒子不能分散在载液中。

(2) 搅拌速度不能太快，控制在中低速搅拌较好。搅拌速度太快，则反应液中有明胶表面活性剂存在，容易起泡，生成的磁粒子附着在泡沫上，容易被氧化且分散不好。同时，搅拌速度太快，会将较多的空气带入反应液中，使得 Fe^{2+} 氧化成 Fe^{3+}，生成的磁粒子磁性不好。

(3) 古埃磁天平称重时，磁铁的位置和样品管挂线的位置一定要仔细调整，达到规范的要求，否则会引起较大的测量误差。

(4) 超声波细胞破碎仪在使用时，振幅杆一定要放在有液体的容器中，不要空振，空振时容易把仪器烧毁。

(5) 酸碱度 pH 的控制。pH 要通过实验选择在一个合适的范围，使得形成的铁氧体的晶型比较完整，磁性较好。

(6) 反应时间的控制。黑色沉淀物形成后，还要继续反应一段时间，铁氧体磁粒子的晶型完整，磁性较好。

六、扩展思考

(1) 磁性胶体按照磁粒子表面化学状态的不同，可以分成哪几类？按照磁粒

子的成分不同可以分成哪几类？按照载液的不同可以分成哪几类？

（2）请简述磁性乳状液和一般磁性胶体的异同。

（3）反应过程中 Fe^{2+} 部分被空气氧化成 Fe^{3+}，会导致什么结果？

（4）在相同的磁场条件和相同的样品条件下，为什么磁增重越大，磁流体的磁性越强？

（5）超声波分散聚结物的力学原理是什么？

（6）请简述磁性乳状液悬浮稳定性的增强原理。

（7）磁流体为什么会在旋转磁场中逆转？

七、参考文献

[1] 杨喜云，龚竹青. 中南大学学报（自然科学版），2005，36（2）：243-247.

[2] Morais P C，Garg V K，Oliveira A C，et al. Journal of Magnetism and Magnetic Materials，2001，225：37-40.

[3] 高道江，赖欣. 磁性材料及器件，1998，29（2）：20-23.

[4] 郭飞鸽，张秋禹，罗绍兵，等. 高分子学报，2008（11）：1082-1088.

[5] 邹海平，邱祖民，高长华，等. 无机盐工业，2007，39（4）：12-15.

[6] 陈兴，邓兆祥，李宇鹏，等. 无机化学学报，2002，18（5）：460-464.

[7] 陈静，王向德，叶书栋，等. 硅酸盐学报，2005，33（3）：346-349.

实验 2.2

4A 分子筛的合成及其吸水性能研究

一、实验目的

分子筛是一人工合成的、具有均一孔径的硅铝酸盐，有几十种型号，具有突出的吸附性能、离子交换性能和催化性能，被广泛用作干燥剂、吸附剂和催化剂。本实验目的是让学生了解水热法合成分子筛的过程以及分子筛的吸水性能，熟悉分子筛合成过程中的成胶、晶化、洗涤、干燥、活化等基本操作。

二、实验原理和方法[1,2]

4A 分子筛是具有 Al—O 和 Si—O 四面体三维骨架结构的晶状化合物，其化学组成通式为：$Na_2O \cdot Al_2O_3 \cdot 2SiO_2 \cdot 5H_2O$，晶胞结构的化学式为：$Na_{12}[(AlO_2)_{12}(SiO_2)_{12}] \cdot 27H_2O$，属于立方晶系。4A 分子筛晶胞中心有一个由 12 个四元环、8 个六元环和 6 个八元环组成的二十六面体笼状结构的孔穴，笼的平均直径为 11.4Å（1 Å$=10^{-10}$ m），体积为 760Å^3，笼的最大孔窗是八元环，八元环的孔径是 4.1Å，故称为 4A 分子筛。

4A 分子筛是以水玻璃（Na_2SiO_3）、偏铝酸钠（$NaAlO_2$）和氢氧化钠为原料，按一定的比例，在剧烈搅拌下形成硅铝凝胶，然后在合适的温度下，使它们转化为晶体的硅铝酸盐。晶化是在 100 ℃下进行的，晶化时间需要 8 h 以上。晶化程度可用显微镜观察，如果结晶是正方形，则表示结晶已完成。经过滤、洗涤、干燥，即可得到 4A 分子筛原粉。

三、试剂和仪器

（1）主要试剂

Na_2SiO_3（规格要求：模数>2，密度 40°Bé）、固体 NaOH、$Al(OH)_3$（工

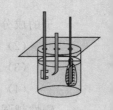

业用)、变色硅胶、混合指示剂（甲基红 0.2%乙醇溶液＋溴甲酚绿 0.2%乙醇溶液，按 5∶3 体积比混合）。

（2）主要仪器

100 mL 高压反应罐（4 个）、250 mL 烧杯（2 个）、1000 mL 和 2000 mL 大烧杯（各 1 个）、500 mL 平底烧瓶、250 mL 锥形瓶、布氏漏斗、吸滤瓶、真空干燥器、小试管、50 mL 量筒、台秤、电动搅拌器、1000 倍显微镜、马弗炉、电热恒温烘箱。

四、实验内容

（1）4A 分子筛的合成

① 配料　水玻璃溶液的配制：将 40°Bé 的水玻璃和蒸馏水按 3∶5 体积比混合，搅拌均匀，静置 3 天，使杂质自然沉降，取上层清液待用。

偏硅酸铝溶液的配制：在 2000 mL 大烧杯中加入 500 g 固体 NaOH 和 1250 mL蒸馏水，在电动搅拌器下使 NaOH 溶解，然后边搅拌边慢慢加入 500 g 工业用 $Al(OH)_3$，并不断搅动，保持温度在 95 ℃以上，直至溶液变清为止（约需 1 h）。冷却、沉降，取上清液备用。

氢氧化钠溶液的配制：将固体 NaOH 和蒸馏水按 2∶3 的质量比混合，搅拌使 NaOH 全部溶解，冷却备用。

② 成胶（硅铝胶的制备）　量取 V_1(mL）的水玻璃溶液，倒入 250 mL 烧杯内，加入 60～70 ℃热水至 200 mL。量取 V_2(mL）的偏铝酸钠溶液和 V_3(mL）的氢氧化钠溶液，倒入另一个 250 mL 烧杯内，加入 60～70 ℃热水至 200 mL。把第一个烧杯内的物料倒入 1000 mL 大烧杯内，然后打开电动搅拌器，在剧烈搅拌下迅速倒入第二个烧杯中的物料，并继续搅拌，直到不存在块状物，反应物变得稀薄为止（约需 10 min）。

③ 晶化（形成结晶硅铝酸盐）　把成胶生成物分别加至 4 个高压反应罐内，放到电热烘箱里于 100 ℃左右进行晶化，使硅铝胶转化为硅铝酸盐结晶。晶化时间分别控制在 4 h、6 h、8 h、10 h，晶化完成后，取出自然冷却至室温。

④ 洗涤、过滤、干燥（把晶体分离出来）　打开高压反应罐，倾去上面的母液，采用倾析法反复用水洗涤沉淀，直至洗出液 pH＜9，然后用吸滤法把沉淀分离出来，放在蒸发皿中，在 110 ℃温度下烘干（约需 2 h），即得 4A 分子筛原粉。

（2）分子筛性能的研究

① 分子筛堆积体积的测定　用台秤称出干燥的 50 mL 量筒的质量，加入分子筛原粉，蹾实至 50 mL 刻度处，再称出质量，计算每克分子筛的体积。

② 分子筛晶形观察　取少许制得的 4A 分子筛原粉，放在 1000 倍的显微镜

下，观察不同晶化时间得到的晶体的形状及大小。

③ 分子筛的吸水性能　取约 0.5 g 已于 600 ℃马弗炉内活化 2 h 并于真空干燥器内冷却至室温的 4A 分子筛原粉，放入小试管内，并加入 1～2 粒已吸水变红的变色硅胶，用橡胶滴头封住试管口。观察变色硅胶的变色过程与时间，比较不同晶化时间得到的分子筛和硅胶吸水性能的强弱。

五、实验注意事项

本实验反应物料浆的配比为 $Al_2O_3 : SiO_2 : Na_2O = 1 : 2 : 4$，$C_{Al_2O_3} = 0.25$ mol/L，合成 4A 分子筛之前应通过酸碱滴定法计算出水玻璃、偏铝酸钠和氢氧化钠的用量 V_1、V_2 和 V_3。

六、扩展思考

（1）请设计酸碱滴定实验来计算出水玻璃、偏铝酸钠和氢氧化钠的用量 V_1、V_2 和 V_3。

（2）请设计测定 4A 分子筛吸水率的方法。

（3）为什么分子筛的晶形对其吸附能力有较大的影响？

七、参考文献

［1］　颜朝国．新编大学化学实验（四）——综合与探究：第二版．北京：化学工业出版社，2016.

［2］　黄仲涛，耿建铭．工业催化：第二版．北京：化学工业出版社，2006.

实验 2.3

聚合物薄膜的制备及其电催化氧化作用

一、实验目的

有关生命科学的问题正日益成为现代分析化学研究的热点。通过在生产、生活中不断发现新问题，利用所掌握的分析化学知识寻找解决问题的新思路。熟悉电分析化学的新进展，掌握聚合物薄膜化学修饰电极的制备及其电催化氧化应用的基本流程，掌握电化学工作站的基本操作。

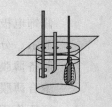

二、实验原理和方法

循环伏安法（cyclic voltammetry，CV）是用途最广泛的研究电活性物质的电化学分析方法，是电极过程研究中最有效的方法，电化学研究中常常首先进行循环伏安实验。循环伏安法是在工作电极上施加一个线性变化的循环电压，来记录电流随电位变化的曲线[1]。可以施加三角波电压，电位扫描速度 10～1000 mV/s，其典型加电压方式和电流-电位响应分别如图 2-3-1 和图 2-3-2。

图 2-3-2 中几个重要参数为：阳极峰电流值（i_{pa}）、阴极峰电流值（i_{pc}）、阳极峰电位值（E_{pa}）、阴极峰电位值（E_{pc}）。可逆反应的两个判据：阴阳极峰电位差为 59/n mV、峰电位与扫描速度无关，而两峰电流相等且与扫描速度的平方根成正比。若峰电位差大于 59/n mV，则该电极上进行了准可逆反应；若反扫时电流消失，则进行的是不可逆反应。

化学修饰电极（chemically modified electrodes，CMEs）是由导体或半导体材料制作的电极，在电极表面涂敷了单分子、多分子、离子或聚合物的选择性的化学修饰薄膜，借 Faraday 电荷传输反应或界面电位差而呈现出修饰薄膜的化学、电化学以及光学的性质[2]。1975 年，Miller 和 Murray 分别独立报道了按人为设计对电极表面进行化学修饰的研究，标志着化学修饰电极的正式问世。化学修饰电极是电化学、电分析化学研究中的新兴领域，它在能量转换、信息存储与显示、分析化学、生物传感器以及分子器件等方面有潜在的应用价值。电聚合法制备薄膜方法简单、调制方便、研究应用领域广阔，其修饰在电极表面得到的电聚合薄膜化学修饰电极（electropolymerized films CMEs），由于强的电催化氧化还原作用，在提高分析灵敏度和稳定性方面具有优越性[3]。

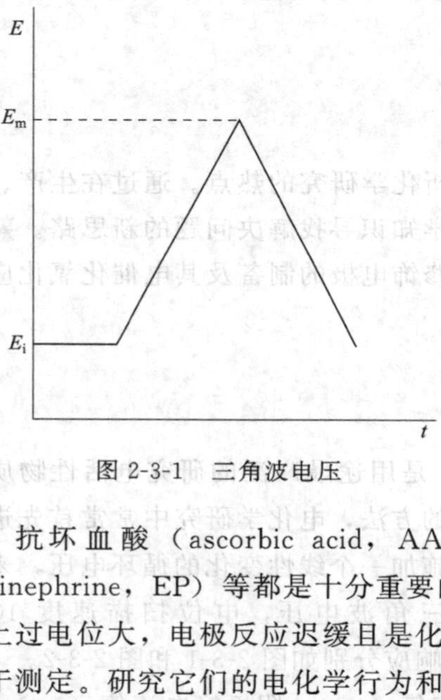

图 2-3-1　三角波电压

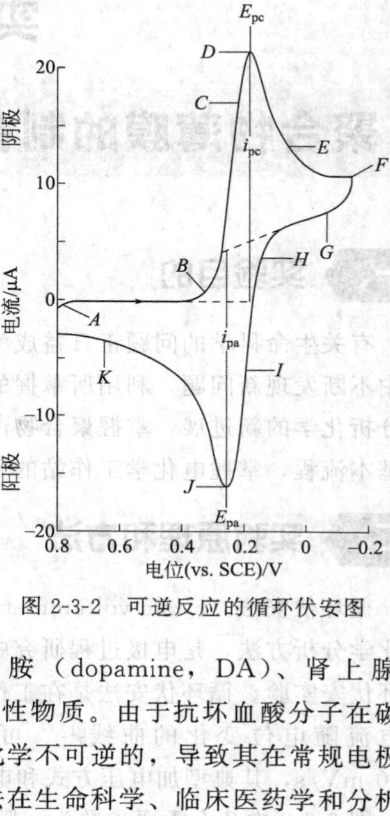

图 2-3-2　可逆反应的循环伏安图

抗坏血酸（ascorbic acid，AA）、多巴胺（dopamine，DA）、肾上腺素（epinephrine，EP）等都是十分重要的生物活性物质。由于抗坏血酸分子在碳电极上过电位大，电极反应迟缓且是化学和电化学不可逆的，导致其在常规电极上难于测定。研究它们的电化学行为和检测方法在生命科学、临床医药学和分析科学等方面具有重要的理论和实际意义。

三、试剂、材料和仪器

（1）主要试剂

铁氰化钾溶液（0.025 mol/L）、抗坏血酸标准溶液（0.025 mol/L）、中性红（NR）溶液（0.025 mol/L）、磷酸盐缓冲溶液（PBS，1 mol/L，pH 2、6.8）；硫酸、磷酸溶液，体积比均为1∶1；硝酸钾溶液，1 mol/L。

（2）主要材料

Al_2O_3粉浆、6 号金相砂纸。

（3）主要仪器

CHI 660 D 电化学工作站、三电极系统［Pt 片为对电极，饱和甘汞电极（SCE）为参比电极，聚四氟乙烯包裹玻碳（GC，$\varphi=4$ mm）为工作电极］、pHs-3C 精密酸度计、KQ 3200 超声波清洗器。

四、实验内容

（1）玻碳电极预处理

玻碳电极先在 6 号金相砂纸上打磨，再用 Al_2O_3 粉浆抛光成镜面，在二次水中超声清洗。然后三电极系统在含有 1 mmol/L $K_3Fe(CN)_6$ 的硝酸钾溶液中于 −0.2～0.6 V 以 60 mV/s 进行 CV 扫描，鉴定玻碳电极表面是否达到清洁和活化效果。

（2）PNR 修饰电极的制备

在 0.5 mol/L H_2SO_4 溶液中接通三电极系统，于 −0.5～1.5 V 电位范围内以 60 mV/s 循环扫描极化至稳定的空白伏安曲线。取出三电极系统用水洗净，放入 0.2 mmol/L NR＋0.1 mol/L PBS(pH 6)＋0.5 mol/L KNO_3 体系中，以 50 mV/s的扫描速度，控制电位进行中性红的循环伏安电聚合。将制备好的 PNR 膜电极用水洗净，置于 pH 6 的磷酸盐缓冲液中备用。

（3）PNR 修饰膜的电化学表征

将制备好的 PNR 膜修饰电极置于不含 NR 的 pH 1 的磷酸溶液中，于 −0.7～0.5 V 电位范围内在不同扫速：10 mV/s、20 mV/s、40 mV/s、60 mV/s、80 mV/s、100 mV/s 进行循环伏安扫描，记录其循环伏安图。

（4）电催化氧化抗坏血酸

分取 0 mL、0.5 mL、1.0 mL、2.0 mL、3.0 mL 的 AA 标准溶液于 5 个 25 mL容量瓶中，少量水稀释后，加入一定量的 PBS（pH 2）溶液，定容摇匀。控制电位以 60mV/s 的扫速进行循环伏安扫描，记录 CV 曲线。

（5）结果与讨论

从 CV 图中读取相应峰电位和峰电流值，经数据处理后绘制检测信号与实验条件的关系曲线。讨论实验现象和结果，特别是电极修饰前后氧化 AA 的电化学参数变化。总结电聚合法制备修饰膜和不同电极电催化氧化抗坏血酸的特点。

五、实验注意事项

（1）玻碳电极须认真地预处理，打磨需要耐心。

（2）溶液从冰箱拿出后，须恢复至室温；低浓度的 AA 溶液需现用现配。

（3）电聚合 NR 时需保持溶液静止。

（4）用电要安全，仪器使用要安全和规范。

六、扩展思考

（1）PNR 聚合物薄膜对其他生物活性物质的电催化效果如何？

（2）如何用碳纳米新材料构建修饰膜？

（3）如何采用聚合物薄膜电催化氧化法对水果中的维生素 C 进行活体测定？

（4）如何实现电化学传感器和生物传感器的微型化？

七、参考文献

[1] Zhou Y M，Zhang X M，Cao X H，et al. 8th ISEC&S-FWSE. Changchun：2002：232.

[2] 周跃明，马建国，范杰平，等. 分析试验室，2005，24（7）：51-54.

[3] 郑兰梅，周跃明，梁喜珍，等. 分析试验室，2012，31（4）：28-31.

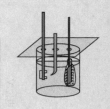

实验 2.4

纳米碳材料与金属粒子复合膜电极的制备及电化学性能研究

一、实验目的

利用功能化的碳纳米管、石墨烯等纳米碳材料与一些金属纳米粒子或磁性纳米粒子进行复合，然后将复合材料分散在壳聚糖（或β-环糊精）以及二茂铁中形成混合溶液，并通过滴涂法将该混合溶液用于制备修饰电极，用循环伏安法研究抗坏血酸、多巴胺等分子在不同条件下的电化学行为。

二、实验原理和方法

循环伏安法是通过不同的速率控制电极电势，按照设置随着时间以一定的循环波形反复进行扫描，使被测物在电极上能交替进行着电子传递速率不同的还原和氧化反应，并记录电流及电势曲线，即得所谓循环伏安曲线，其工作原理如图 2-4-1所示。循环伏安法过程中，正向扫描（即向电势负方向扫描）时发生阴极反应：$O+ne^- \longrightarrow R$；反向扫描时，则发生正向扫描过程中生成反应产物 R 的重新氧化的反应：$R \longrightarrow O+ne^-$。循环伏安曲线上有两组重要的测量参数：(1) 阴阳极峰值电流 i_{pc}、i_{pa}及其比值 $|i_{pa}/i_{pc}|$；(2) 阴阳极峰值电势差值 ΔE_p。由于循环伏安法具有实验操作方法简单，得到的信息数据比较多，并且可以进行理论方面的研究等特点，因而是电化学测量中经常使用的一个重要方法。

三、试剂、材料和仪器

(1) 主要试剂

盐酸多巴胺、抗坏血酸、氨水、水合肼；二茂铁、壳聚糖（化学纯）、硝酸

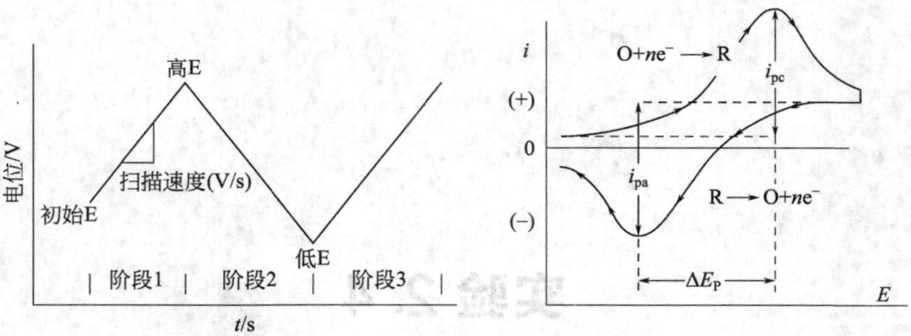

图 2-4-1 三角波形电势扫描信号及循环伏安曲线

钠（化学纯）、β-环糊精（化学纯，使用前经二次提纯）、高锰酸钾（分析纯）、过氧化氢（分析纯）、乙醇（分析纯）；0.1 mol/L 磷酸盐缓冲溶液（PBS）由磷酸二氢钾与磷酸氢二钾溶液配制而成；实验用水均为二次蒸馏水。

（2）主要材料

石墨粉（光谱纯），碳纳米管（单壁、多壁，纯度≥95%），Au、Ag 或磁性铁纳米粒子（自制）。

（3）主要仪器

电化学工作站、三电极体系［玻碳电极（GCE）作为工作电极，饱和甘汞电极（SCE）为参比电极，铂片电极为辅助电极］、超声波清洗器、数字式酸度计、电子天平。

四、建议实验路线及实验内容

（1）建议实验路线如下：

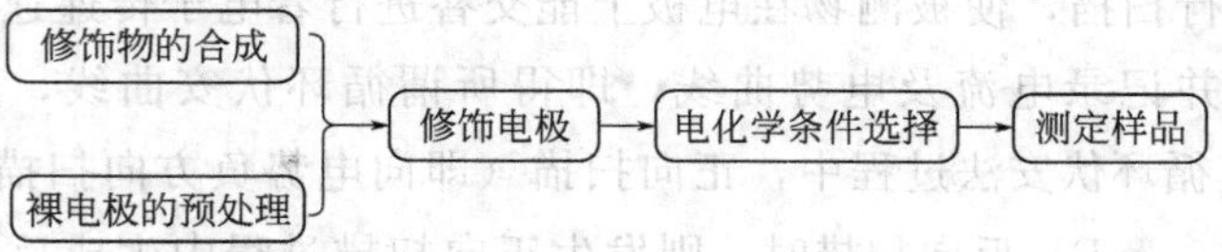

（2）实验内容举例

① 碳纳米材料的制备

石墨烯的制备[1]：首先利用改进 Hummers 方法制备氧化石墨烯（GO）。在冰水浴下，1.0 g 石墨粉、0.5 g 硝酸钠加入到 23.0 mL 浓硫酸中，搅拌 30 min，再加入 3.0 g 高锰酸钾（0.3 g/min），至完全溶解。再将水浴温度缓慢升高至 30 ℃，反应 30 min。后缓慢加入 50.0 mL 水，搅拌，并逐渐升温至 98 ℃，然后加入 3.5 mL 过氧化氢（30%）和 16.5 mL 水，反应 15 min，将反应混合物离心分离，分别用 3%盐酸和水洗涤沉淀，所得产物在 80 ℃下真空干燥。

然后取 10.0 mg GO 在 20.0 mL 二次蒸馏水中超声剥离，得到 0.5 mg/mL

氧化石墨烯分散液。加入 300 μL 氨水和 20 μL 水合肼，混合搅拌后，60 ℃水浴 3.5 h，得到黑色分散液。过滤，干燥，即得产物石墨烯（GNs）。

单壁碳纳米管的羧化[2]：将 SWCNTs 在 4 mol/L HNO_3 中回流纯化 24 h，用 0.22 μm 规格的水性滤膜过滤，再放入 1 mol/L HCl 中超声 30 min，在 SWCNTs 侧壁接枝—COOH，再用滤膜过滤，依次用无水乙醇和蒸馏水洗涤至中性，真空干燥。

② 金属纳米粒子的制备

如银、金、磁性氧化铁、二茂铁可以查找文献自制。

③ 修饰电极的制备

电极预处理：将玻碳电极依次在 1200 目的金相砂纸、0.05 μm Al_2O_3 抛光粉上抛光成镜面。分别用体积比为 1∶1 的硝酸/无水乙醇、二次蒸馏水依次超声清洗 5 min。二次蒸馏水冲洗干净，氮气吹干备用。

电极修饰：取一定量的电活性物质（如壳聚糖、中性红等），配制成浓度为 1.0×10^{-3} mol/L 的水溶液，加入过量的二茂铁，超声 20 min，静置后取上层淡黄色清液，加入适量羧化的单壁碳纳米管，继续超声，形成均匀的黑色分散液，即得到电活性物质/二茂铁/羧化单壁碳纳米管（石墨烯）混合溶液。用微量进样器量取 10 μL 上述混合溶液滴涂于处理后的玻碳电极表面，在红外灯下烘干，置于缓冲溶液中保存备用。

④ 样品测定

利用实验选择的最佳条件，对样品（抗坏血酸、多巴胺）进行测定。

五、实验注意事项

（1）玻碳电极的预处理一定要彻底、洁净，需多次打磨、抛光。

（2）电极修饰物的量不要太多，5～10 μL 为宜，否则会影响电化学响应能力。

（3）样品测定的循环伏安曲线的测定最好是在仪器稳定后开始扫描，否则重现性不好。

（4）注意电化学测定时，修饰电极的起始-终结电位范围、扫描速度、缓冲溶液及其酸度的选择非常重要，需仔细寻找最佳条件。

六、扩展思考

（1）化学修饰电极的意义及作用是什么？

（2）目前化学修饰电极种类很多，如果让你自行设计一种化学修饰电极，该如何做？

(3) 电化学测定的流程和目的是什么？

(4) 电化学分析方法的优缺点有哪些，碳纳米材料在化学修饰电极的发展趋势如何？（请参阅文献［3］~［7］）

七、参考文献

［1］ Hummers W S，Offeman R E. Journal of the American Chemical Society，1958，80（6）：1339.

［2］ Wang Y，Iqbal Z，Malhotra S V. Chemical Physics Letters，2005，402（1-3）：96-101.

［3］ 张祖训，汪尔康．电化学原理和方法．北京：科学出版社，2000.

［4］ 董绍俊，车广礼，谢远武．化学修饰电极．北京：科学出版社，2003.

［5］ Savéant J M. Chemical Reviews，2008，108（7）：2111-2112.

［6］ McCreery R L. Chemical Reviews，2008，108（7）：2646-2687.

［7］ Chen D，Feng H，Li J. Chemical Reviews，2012，112（11）：6027-6053.

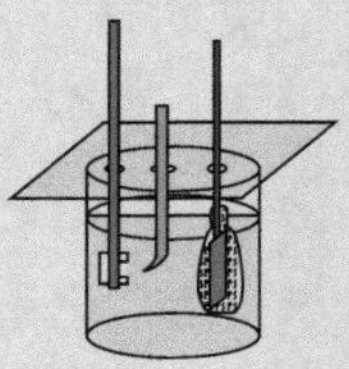

实验 2.5

MOFs/COFs 电极的制备及电解水性能研究

一、实验目的

随着非再生化石能源的日益匮乏以及环境污染的日益严重，发展高效、清洁、绿色的可持续能源势在必行。氢能具有高的能量密度且燃烧产物无污染，是非常有前景的清洁能源。电解水制氢法使用地球存储丰富的水资源作为原料，制备的氢气纯度高，且电解过程中无任何污染物排放，是理想的制氢方法[1-3]。通过本实验，学生可以掌握 MOFs/COFs 新型材料电极的制备，掌握电解水制氢原理和电化学工作站（CHI660E）基本操作，熟悉 Origin 软件的操作和数据的处理技术等。

二、实验原理和方法

使用电化学工作站 CHI660E，通过三电极体系测试不同 MOFs/COFs 材料的电解水性能（见图 2-5-1）[4]。三电极包括工作电极、对电极、参比电极，使用 1 mol/L KOH 作为电解液。本实验中我们选择碳棒作为对电极，Ag/AgCl 作为参比电极。实验开始前需要制备工作电极，使用 1 cm×1 cm 的碳纸作为载体。首先取 5 mg 样品分散在 950 μL 乙醇和 50 μL 萘酚的混合溶液，超声 30 min 促使分散均匀。移取 50 μL 溶液滴于预处理好的 1 cm×1 cm 碳纸，催化剂负载量约为 0.25 mg/cm^2。自然晾干备用。

电解水包括两个半反应：阳极析氧反应和阴极析氢反应。两个半反应方程式分别为：$4OH^- - 4e^- \longrightarrow O_2 + 2H_2O$；$2H^+ + 2e^- \longrightarrow H_2$[5,6]。其测试前先用循环伏安法（CV）对电极进行活化。通过线性扫描伏安法得到催化剂的极化曲线，确定不同催化剂的起始电位和 10 mA/cm^2 时的过电势，根据极化曲线转换得到相应的塔菲尔斜率，通过阻抗测试得到催化剂的电荷转移电阻。在没有法拉

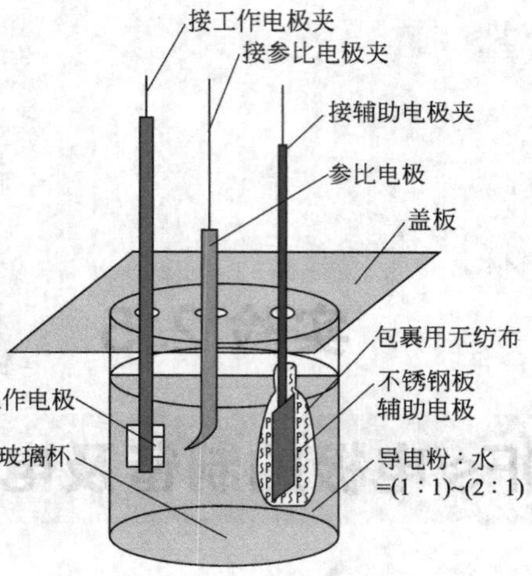

图 2-5-1　电解水装置

第电流区域使用不同的扫速获得 CV 曲线，得到不同催化剂的双电层电容，进而确定催化剂的电化学活性面积。通过计时电流（i-t）法在碱性电解液中对催化剂的稳定性进行评价。

三、试剂、材料和仪器

（1）主要试剂

萘酚、乙醇、氢氧化钾，均为分析纯。

（2）主要材料

Ag/AgCl 参比电极、碳棒辅助电极、碳纸。

（3）主要仪器

电化学工作站、电子天平、超声波清洗仪、移液枪、容量瓶、烧杯。

四、建议实验路线

（1）工作电极的制备。

（2）线性扫描测试，得到样品的过电势。

（3）阻抗测试获得不同样品的电化学阻抗。

（4）循环伏安测试获得不同催化剂的活性面积。

五、实验注意事项

（1）制备工作电极时，样品溶液要在碳纸上分布均匀。

（2）测试前需要对电极进行活化，确保性能稳定。

（3）实验前应查阅足够的参考文献，并在指导老师的指导下设计好实验方案后方可进行实验。

六、扩展思考

（1）如何计算过电势？

（2）过电势大还是小有利于电解水制氢？

（3）如何计算不同样品的质量活性？

七、参考文献

［1］ Li S，Zhang L，Lan Y，et al. Chemical Communications，2018，54：1964-1967.

［2］ Chen D J，Chen C，Baiyee Z M，et al. Chemical Reviews，2015，115：9869-9921.

［3］ Wang P T，Zhang X，Zhang J，et al. Nature Communications，2017，8：14580-14588.

［4］ 贾铮，戴长松，陈玲．电化学测量方法．北京：化学工业出版社，2006.

［5］ Chung D Y，Jun S W，Yoon G，et al. Journal of the American Chemical Society，2017，139：6669-6674.

［6］ Xiao X F，He C T，Zhao S L，et al. Energy & Environmental Science，2017，10：893-899.

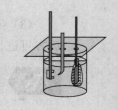

实验 2.6

$BiVO_4$光阳极制备、表征及光电催化分解水

一、实验目的

近几十年来，工业化现代社会发展对能源激增的需求加速了传统化石能源的消耗。因此，人们越来越关注于开发清洁可再生的能源，以避免能源短缺和化石燃料燃烧产生的环境污染。太阳能和水都是丰富的资源，通过太阳能光电催化分解水制备清洁的能源载体 H_2，将太阳能转化为可存储和运输的化学能，可以克服太阳光照射和应用在时间和地域上不匹配的问题，是应对能源和环境问题非常有前途的方案。通过本实验，使学生：

（1）掌握半导体光电催化分解水基本原理和体系的构成。

（2）了解影响光阳极性能的关键因素和改进策略。

（3）掌握一种光电极制备方法，学会阴极还原沉积法制备电极，用马弗炉、管式炉热处理材料的方法。

（4）了解光电极材料表征方法，掌握光电极性能分析方法。

二、实验原理

（1）光电催化分解水原理和体系构成[1]

进行光电催化反应的装置是光电化学池，如图 2-6-1。光电催化研究中，光活性电极的研究是关键问题，光活性电极材料的性能从根本上决定着光电化学池的性能。光活性电极包括光阳极和光阴极，两种光活性电极可以单独使用而结合非光活性的对电极，也可以联用。光阳极材料是 n 型的半导体，在水的分解过程中起氧化水放出 O_2的作用。光阴极材料是 p 型半导体，在水的分解中起还原水放出 H_2的作用。

光电催化过程中的能量转换效率可通过光电流-电势曲线计算。如图 2-6-2 所

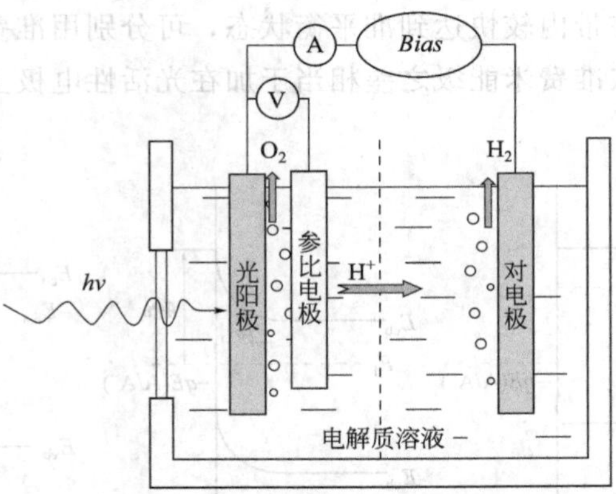

图 2-6-1 采用光阳极的分解水光电化学池装置示意图

示典型的光电催化分解水光电流-电势曲线[2]，光激发使得光阴极上的放氢反应能在高于 H^+/H_2平衡电势条件下进行，而光阳极上的放氧反应能在低于 O_2/H_2O平衡电势的条件下进行。假设反应的法拉第效率为100％，欠电势与光电流的乘积是光能转化为化学能的功率，最大功率与入射光功率的比即为能量转化效率。图中斜线构成的方块分别是光阴极、光阳极单独使用时计算的光-化学能量转化效率，反斜线构成的方块为面积相同的光阴极和光阳极联用时计算的光-化学能量转化效率。

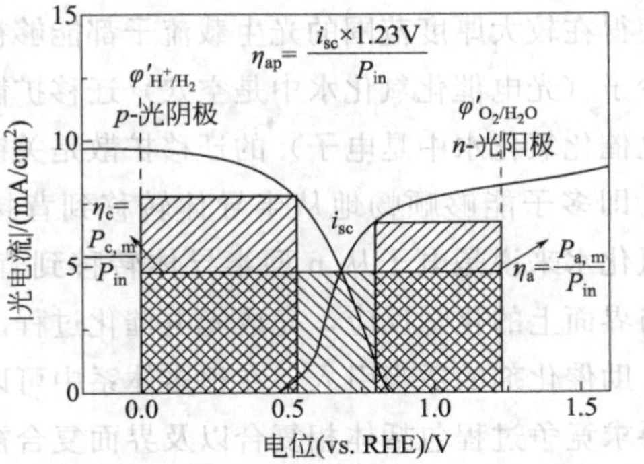

图 2-6-2 光电催化分解水能量转化效率的计算

那么欠电势是如何产生的呢？如图 2-6-3 所示，对于氧化水的光阳极，n 型半导体与电解液接触，在界面上存在半导体的表面态以及电解液的氧化还原对。半导体内部费米能级（E_F）高于界面 E_F，导带电子向界面转移，在半导体靠近界面区形成空间电荷层，产生内建电场，导致能带向上弯曲。光激发产生过剩的电子和空穴（相对于平衡态过剩），电子扩散并在内建电场的作用下向半导体体相迁移而被背接触收集，空穴扩散并在内建电场的作用下向表面迁移而参与水氧化反应。在光激发状态下，电子不服从费米-狄拉克分布，但可认为导带上电子和价带中空穴分别在带内较快达到准平衡状态，可分别用准费米能级来表示。电子准费米能级与空穴准费米能级之差相当于加在光活性电极上的额外电压，从而产生欠电势。

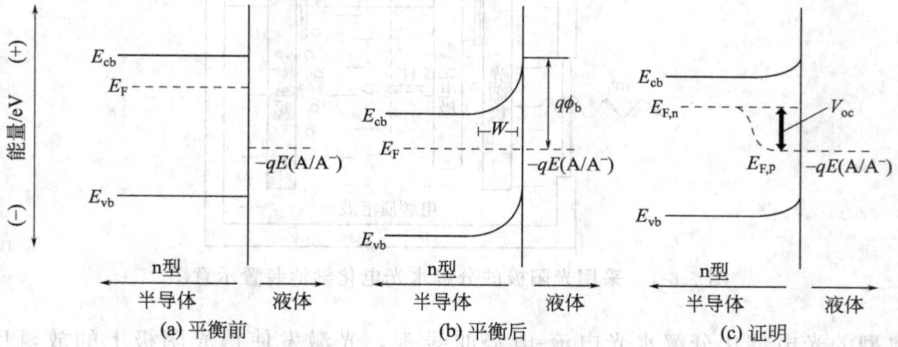

图 2-6-3　光阳极作用时半导体/溶液界面能带示意图[2]

(2) 影响光阳极性能的关键因素[1]

在光电催化过程中，如图 2-6-4，一方面，要求：a. 半导体对太阳光有广谱有效的吸收以激发产生大量电子和空穴。半导体材料要有合适的带隙，带隙宽则吸光范围窄；有足够大的吸光系数，在光生载流子能够被有效利用的厚度范围内吸收响应的大部分光。b. 电子和空穴在半导体中快速地扩散与迁移。要求载流子具有较大的迁移率，使得在较大厚度范围的光生载流子都能够被利用。半导体电极做成纳米结构，可使少子（光电催化氧化水中是空穴）迁移扩散到反应界面的距离较短，此时多子（光电催化氧化水中是电子）的迁移扩散是关键。c. 向体相迁移的载流子被高效地收集，即多子能够顺畅地从半导体转移到背接触，而不存在大的势垒。对于光电催化氧化水来说是电子从 n 型半导体转移到背电极上。d. 向界面迁移的载流子快速参与界面上的化学反应，完成光电催化过程。对于光电催化氧化水来说是空穴氧化水。助催化剂的适当引入，在很多体系中可以加快空穴氧化水的动力学。另一方面，要求竞争过程包括体相复合以及界面复合被尽可能减慢和减少。

(3) $BiVO_4$光阳极及其改进策略

在半导体材料的选择上，$BiVO_4$ 吸收带边约为 520 nm，对应一个标准太阳光照的理论最大光电流为 7.5 mA/cm^2。通过调控施主浓度（比如 W 取代 V 位的掺杂或热处理形成氧空位），改善电荷传输；形貌调控（纳米多孔），使载流子自由程大于所需迁移距离[3-5]，FeOOH 和 NiOOH 双层助催化剂促进空穴收集以及参与氧化水反应[4,5]，一个标准太阳光（AM 1.5 G）照下 1.23 V_{RHE}（V_{RHE}指可逆氢电极 RHE 的电势）光电流已提高到约 5 mA/cm^2，光阳极起始电势约 0.2 V_{RHE}，已接近 $BiVO_4$导带位置，光电流-电势曲线填充因子较好，加偏压光能转化效率达到

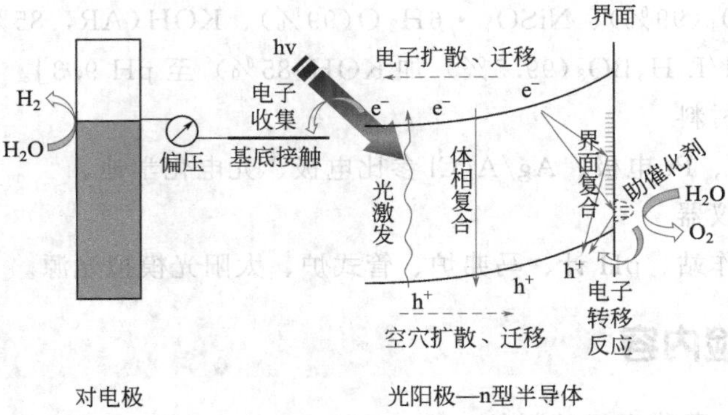

图 2-6-4　光电催化过程

2.2%[5]。因此，$BiVO_4$光阳极可以构成性能好的光电催化体系。

(4) $BiVO_4$光阳极制备原理

通过两步法在 FTO 上制备 $BiVO_4$薄膜，涉及的反应如下[4,6]：

　(1)

$$[BiI_4]^- + 2OH^- \longrightarrow BiOI + 3I^- \quad (2)$$

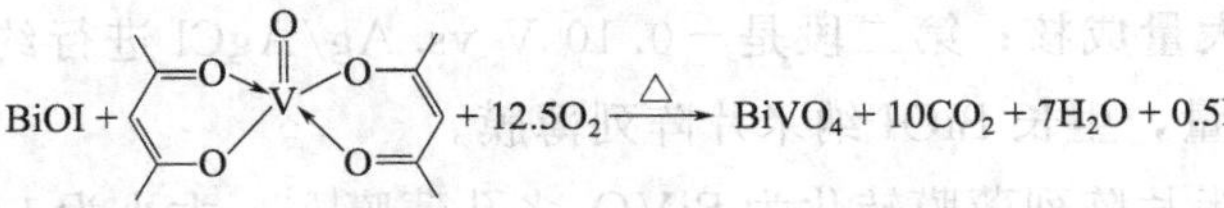　(3)

第一步电化学沉积过程，反应 (1) 对苯醌发生阴极还原，产生 OH^-，使 pH 升高，引起反应 (2)，$[BiI_4]^-$水解而在 FTO 上生长 BiOI，这种电化学沉积方法可以称为阴极还原沉积。除了通过产生 OH^-生成氧化物或氢氧化物，阴极还原沉积也可以通过产生 S^{2-}、Se^{2-}、Te^{2-}等，制备相应的硫化物、硒化物和碲化物等。第二步即反应 (3)，BiOI 与有机钒源热氧化反应生成 $BiVO_4$。

光电化学沉积 FeOOH/NiOOH 氧化水催化剂，是利用光阳极过程达到半导体表面的光生空穴氧化 Fe^{2+}和 Ni^{2+}，分别生成易水解的 Fe^{3+}和 Ni^{3+}，得到 FeOOH 和 NiOOH[4,6]。

三、试剂、材料和仪器

(1) 主要试剂

$Bi(NO_3)_3 \cdot 5H_2O$ (AR，98%)、KI (AR，99%)、乳酸 (AR，85%～90%)、硝酸 (AR)、无水乙醇 (AR)、对苯醌 (98%)、$VO(acac)_2$ (98%)、二甲基亚砜 (99.9%)、NaOH (AR，97%)、Na_2SO_3 (98%)、$FeSO_4 \cdot 7H_2O$

(99%)、K_2SO_4(99%)、$NiSO_4 \cdot 6H_2O$(99%)、KOH(AR, 85%)、硼酸盐缓冲溶液 [1 mol/L H_3BO_3(99.5%) 加 KOH(85%) 至 pH 9.3]。

(2) 主要材料

FTO 玻璃、Pt 电极、Ag/AgCl 参比电极、光电化学池。

(3) 主要仪器

电化学工作站、pH 计、马弗炉、管式炉、太阳光模拟光源。

四、实验内容

(1) $BiVO_4$薄膜电极的制备

通过两步法在 FTO 上制备 $BiVO_4$，先在 FTO 上电化学沉积 BiOI，再覆盖 $VO(acac)_2$并于空气中热处理，从而转化为 $BiVO_4$多孔薄膜[4]。具体步骤是：

① 电化学沉积 BiOI[6]：50 mL 含 15 mmol/L $Bi(NO_3)_3 \cdot 5H_2O$、400 mmol/L KI、30 mmol/L 乳酸的水溶液，加入少量硝酸调节 pH 为 1.8，然后缓慢加入 20 mL含 46 mmol/L 对苯醌的乙醇溶液，继续搅拌几分钟至 pH 稳定，最后加硝酸调节 pH 为 3.4±0.05。采用典型的三电极电化学池进行电沉积，FTO 玻璃作为工作电极，Ag/AgCl (4 mol/L KCl) 电极作为参比电极，Pt 作为对电极。两段恒电势过程，其中第一段为成核步骤，−0.35 V vs. Ag/AgCl 进行 20 s，在 FTO 表面快速大量成核；第二段是−0.10 V vs. Ag/AgCl 进行约17 min以通过 0.37 C/m^{2}的电量，生长 BiOI 纳米片阵列薄膜。

② BiOI 纳米片阵列薄膜转化为 $BiVO_4$多孔薄膜[6]：大小为 1.0 cm×1.3 cm 的 BiOI 电极上覆盖 50μL/cm^{2}含 200 mmol/L $VO(acac)_2$的二甲基亚砜溶液，置于马弗炉中，2 ℃/min 升温，450 ℃热处理 2 h，使得 BiOI 纳米片阵列薄膜转化为 $BiVO_4$多孔薄膜。薄膜中有过量的 V_2O_5形成，以 1 mol/L NaOH 在搅拌下 (约 350 r/min) 浸泡 30 min 除去。

③ $BiVO_4$薄膜 N_2气氛热处理与电极亲水化：为增强载流子传输性能，$BiVO_4$薄膜与管式炉中 N_2气氛热处理[5]，5 ℃/min 升温，350 ℃热处理 2 h。N_2气氛热处理的 $BiVO_4$薄膜电极表面憎水，不利于电解液浸润，因而需要进行亲水处理。$BiVO_4$电极在含 0.2 mol/L Na_2SO_3的 1.0 mol/L 硼酸盐缓冲溶液中，1 个标准太阳光的光照下，从开路电势到 0.45 V vs. Ag/AgCl 扫描至少 5 次，直到 Na_2SO_3氧化的阳极光电流变化收敛。这个步骤中，Na_2SO_3作为空穴牺牲剂和硼酸盐缓冲溶液控制 pH 可以避免光电化学过程对 $BiVO_4$的损害。

(2) $BiVO_4$薄膜电极上光电化学沉积 FeOOH/NiOOH 产氧催化剂

① 光电化学沉积 FeOOH[6]：水中通 N_2鼓泡 30 min 以除去溶解的 O_2，配制含 5 mmol/L $FeSO_4$和 100 mmol/L K_2SO_4的水溶液，pH 为 5.3±0.2，作为

沉积液。光电化学池含石英窗片，将到达工作电极的光照调节到 3 mW/cm^2。在单池的三电极系统中，以 N_2 热处理并亲水化过的 $BiVO_4$ 薄膜作为工作电极，搅拌下，先暗态施加电势 0.139 V vs. Ag/AgCl，直到暗态电流稳定到 3 μA/cm^2。然后背式光照约 150 s，观察光电流为 110～160 μA/cm^2，控制通过电量 8.3 mC/cm^2。光电化学沉积后，电极用水清洗，用气枪缓缓吹掉水，然后放于通风干燥的地方晾干（参考时间：3 h）。得到 FeOOH/$BiVO_4$。

② 光电化学沉积 NiOOH[6]：均匀地沉积 NiOOH 层更有难度，常常 $BiVO_4$ 多孔结构表面还没盖满 NiOOH，外部 NiOOH 层已经达到了不希望的厚度。为此，先将 FeOOH/$BiVO_4$ 电极浸泡到 50 mmol/L $NiSO_4$ 水溶液中 5 min，在毛细作用下多孔结构填充 $NiSO_4$ 溶液，然后将电极转移到 100 mmol/L K_2SO_4（以稀 KOH 调节 pH 到了 8.0±0.3）电解液中，立即光电化学沉积 NiOOH。再重复一个浸泡和沉积过程。光电化学沉积光强与沉积 FeOOH 相同，不搅拌，施加电势 0.029 V vs. Ag/AgCl，每次光电化学沉积约 70 s，控制通过电量 2.1 mC/cm^2，总沉积电量为 4.2 mC/cm^2。然后用水清洗，用气枪缓缓吹掉水，然后放于通风干燥的地方晾干（参考时间：24 h）。得到 NiOOH/FeOOH/$BiVO_4$。

（3）光阳极表征

采用 XRD 表征 $BiVO_4$ 薄膜电极的结晶度和纯度；SEM 表征 $BiVO_4$ 薄膜形貌，EDS 半定量分析薄膜的元素组成；ICP-OES 定量分析薄膜中 Bi、V、Fe、Ni 的含量。

（4）光电化学测试

光电化学池含石英窗片，到达光阳极的光照为 1 个标准太阳光（AM1.5 G，100 mW/cm^2），光从 FTO 侧照射光阳极。原初 $BiVO_4$ 薄膜电极、N_2 热处理并亲水化过的 $BiVO_4$ 薄膜电极或 NiOOH/FeOOH/$BiVO_4$ 作为光阳极，以环氧树脂涂覆电极边缘，留出中心 0.2 cm^2 暴露。Pt 作为对电极，Ag/AgCl（4 mol/L 的 KCl）或 SCE 为参比电极，1 mol/L 硼酸盐缓冲溶液（pH 9.3）作为电解质。分别测试暗态和光照下电流密度-电势（J-V）曲线，线性扫描电势范围 0.2～1.2 V vs. RHE。固定电势 0.6 V vs. RHE，测试光电催化分解水电流密度-时间（J-t）曲线，观察光阳极和对电极上气体的生成。在密封的、阴阳极分开（以 Nafion 膜或含多孔玻璃细管连接）的光电化学池中，实验前通入 Ar 除去 O_2，光电催化分解水阴极产氢量可用色谱针在阴极取样，通过离线气相色谱测量，阳极产氧量可用快速氧传感器或在线色谱测量。

五、实验注意事项

（1）加入对苯醌的乙醇溶液不能太快，否则易导致沉淀。

(2) 电沉积 BiOI 程序结束要立即将电极取出，放入水中浸泡以洗掉电解液。

(3) 管式炉中 N_2 气氛热处理 $BiVO_4$ 前，要通 N_2 充分置换掉空气。

(4) 配制 $FeSO_4$ 前，通 N_2 鼓泡以除去溶解的 O_2，并尽量避免 O_2 的再溶入，因为溶解的 O_2 会氧化 Fe^{2+} 并水解，产生沉淀。

(5) 光电化学沉积的 FeOOH、NiOOH 层都非常薄，甚至 SEM 都看不出电极形貌变化。

六、扩展思考

(1) 本实验所采用的制备方法得到的 $BiVO_4$ 电极的有哪些特点？

(2) N_2 气氛热处理的 $BiVO_4$ 作用是什么？

(3) FeOOH＋NiOOH 的担载有哪些作用和效果？

(4) 光电化学沉积氧化水助催化剂的优势？

(5) $BiVO_4$ 光阳极的缺点有哪些？

七、参考文献

[1] 熊锋强．光电催化氧化水的探索研究［D］．大连：中国科学院大连化学物理研究所，中国科学院大学，2014.

[2] Walter M G，Warren E L，McKone J R，et al. Chemical Reviews，2010，110 (11)：6446-6473.

[3] Zhong D K，Choi K S，Gamelin D R. Journal of the American Chemical Society，2011，133 (45)：18370-18377.

[4] Kim T W，Choi K S. Science，2014，343 (6174)：990-994.

[5] Kim T W，Ping Y，Galli G A，et al. Nature Communications，2015，6：10.

[6] Lee D K，Choi K S. Nature Energy，2018，3 (1)：53-60.

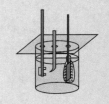

实验 2.7

层层自组装复合膜修饰电极的制备及阻抗研究

一、实验目的

近几十年来，化学修饰电极已成为电化学、电分析化学方面十分活跃的研究领域，由于其较高的灵敏度和优越的选择性被广泛地用于电分析测试中。在诸多修饰方法中，自组装技术是最具吸引力的技术之一，该方法能够得到更加均一的、稳定的多层膜修饰电极。本实验主要是为了提高本科教学质量，开拓学生对修饰电极和层层自组装技术的了解，学习和掌握用电化学阻抗谱监测和表征多层膜的形成的过程，加强学生的动手能力。

二、实验原理和方法

自组装技术首先由 Sagiv 等人[1]于 1980 年报道。它是指原子或分子在基片上自发地排列成一维、二维或三维有序空间结构的过程，其所形成的纳米材料具有许多独特的性质。1992 年，Decher 等人[2]报道了具有相反电荷的聚电解质靠静电引力结合而形成了多层薄膜。如果对组装过程加以控制，完全可以组装出具有特定功能的分子器件。这种方法主要是基于水溶液中带正电荷和带负电荷的分子在表面预先带电荷的基片上交替吸附并形成离子键，所得到的多层薄膜材料的性质则取决于每一单层分子的特性和各层薄膜的组装顺序。静电自组装技术广泛用于有机、无机分子以及大分子、小分子的自组装[3]。

这种技术对基质的选取并无特殊限制。基质预处理包括清洗基质和表面处理。表面处理是将基质表面处理成亲水或疏水，带正电荷或带负电荷[4]。处理后的基质存放在超纯水中待用。如图 2-7-1 所示，其基本操作过程是[5-8]：

（1）将带正电荷的基片浸入与其带相反电荷的聚阴离子溶液中，静止一定时间后取出，此时由于静电吸附，基片表面电荷反转为负电荷。

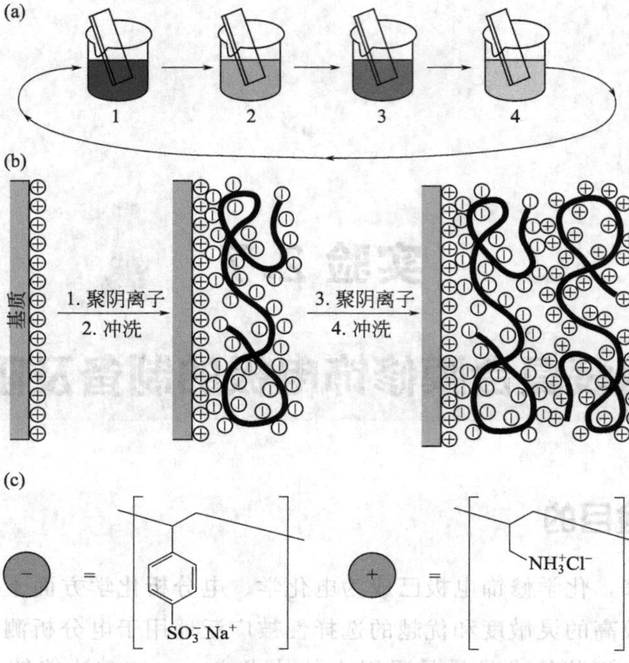

图 2-7-1　静电作用层层交替沉积法制膜过程

(2) 用去离子水冲洗基片表面数次，去掉物理吸附的聚阴离子，并用氮气吹扫使其干燥。

(3) 将上述基片转移到聚阳离子溶液中，基片表面会吸附一层聚阳离子电解质，使其表面恢复为原来所带正电荷的状态。

(4) 水洗、干燥，循环以上操作即可得到多层静电自组装膜。

三、试剂、材料和仪器

(1) 主要试剂

3-氨基丙基三甲氧基硅烷（APS）、聚苯乙烯磺酸钠（PSS，$M_w=70000$）、苯胺、丙酮、去离子水、氮气、$NH_3 \cdot H_2O$、H_2O_2、$K_3Fe(CN)_6$、$K_4Fe(CN)_6$、KCl。

(2) 主要材料

ITO 玻璃片、称量纸、称量勺。

(3) 主要仪器

10 mL 的量筒、25 mL 的玻璃杯、分析天平、CHI660 型电化学分析仪、标准三电极系统［饱和甘汞电极（SCE）为参比电极，铂丝为对电极，修饰电极为工作电极］。

四、实验内容

（1）基片的处理

将基片（ITO 玻璃片）表面用化学处理液清洗干净，使基片表面不含有无机或有机杂质。首先，将 $NH_3 \cdot H_2O/H_2O_2/H_2O$ 溶液混合（体积比 1∶1∶1），然后将 ITO 玻璃片浸入其中，在 80 ℃下处理 20 min，取出后用大量蒸馏水冲洗。再用丙酮超声处理 20 min，取出后用蒸馏水冲洗，氮气流吹干。

（2）复合膜的制备

复合膜采用交替沉积自组装技术制备，其过程如图 2-7-1 所示。将处理好的基片浸入到 APS 中保持 8 h，取出后在 pH 2 的 HCl 溶液中浸泡 20 min，使氨基质子化，取出后用水冲洗，再用氮气流吹干。氨基硅烷化处理后的基片浸入 0.02 mol/L的 PSS 水溶液（pH 0.5）中沉积 10 min，取出用去离子水冲洗干净，吹干。再将此基片浸入到 0.01 mol/L 苯胺单体活性溶液中［pH 0.5，含有与苯胺的物质的量之比为 1∶1 的过硫酸铵氧化剂，0.02 mol/L 对甲苯磺酸（PTS)］沉积一段时间，取出用去离子水冲洗干净，用对甲苯磺酸再次掺杂，吹干，即得聚苯乙烯磺酸钠/聚苯胺（PSS/PANI）自组装膜。循环以上过程，即可生成 $(PSS/PANI)_n$ 多层膜，n 为层层组装次数。

（3）复合膜电极阻抗谱的测定

电化学阻抗谱实验在 5 mmol/L $K_3Fe(CN)_6/K_4Fe(CN)_6$（1∶1）且含 0.1 mol/L KCl 溶液中进行。施加的正弦波电位的振幅为 5 mV，频率为 0.01～10^5 Hz。在实验前，所有的样品溶液需要通氮气 15 min 以排除氧气。分别选择不同层数的复合膜来测定其阻抗，研究膜层数对修饰电极阻抗的影响。

（4）阻抗谱的分析

绘制出修饰电极的阻抗谱线图，分析修饰电极的电子转移过程。

五、实验注意事项

（1）实验中要用到的实验器皿都必须洗涤干净，否则会对实验结果产生影响。

（2）基片的处理要注意按实验规程来操作，另外有规律的多层组装的关键是各吸附层的电荷要交替相反，这取决于对基片清洗的彻底程度和溶液的参数，彻底清洗的目的是确保只有强静电吸引作用的单层保留在基片上，否则对复合膜的形成产生影响。

（3）ITO 玻璃片表面有层氧化铟锡薄膜，所以才能够导电。使用前要先查其导电性是否完好，失去导电性的 ITO 玻璃片不能使用，否则会影响修饰电极的电化学测试。

(4) 保持实验室的清洁和卫生，实验试剂用完放回原处。

六、扩展思考

(1) 组装过程中，相反电荷物质的浓度对复合膜的形成是否有影响？

(2) 溶液的离子强度、pH 值和温度是否都会对膜的厚度产生影响？可进行试探实验。

(3) 层层自组装的优缺点有哪些？

(4) 修饰电极的阻抗与复合膜的层数有什么关系？

(5) 本实验可进行自我探索，根据不同的反应原料制备不同的复合膜修饰电极，探索电极的电化学性能。

七、参考文献

[1] Sagiv J. Journal of the American Chemical Society，1980，102 (1)：92-98.

[2] Decher G，Hong J D，Schmitt J. Thin Solid Films，1992，210-211：831-835.

[3] Yoshida M，Prasad P N. Chemistry of Materials，1996，8 (1)：235-242.

[4] Fou A C，Rubner M F. Macromolecules，1995，28：7115-7120.

[5] Jin W，Toutianoush A，Tieke B. Langmuir，2003，19：2550-2553.

[6] Miller M D，Bruening M L. Langmuir，2004，20：11545-11551.

[7] Zhang P，Li J，Lv L，et al. ACS Nano，2017，11 (5)：5087-5093.

[8] Kienle D F，Schwartz D K. The Journal of Physical Chemistry Letters，2019，10 (5)：987-992.

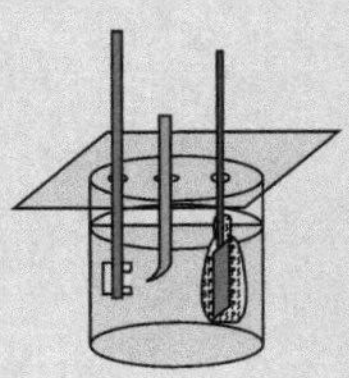

实验 2.8

硅橡胶膜的制备与渗透汽化脱醇性能研究

一、实验目的

液体混合物的分离在工业生产中非常普遍和重要，其中，热敏、近沸及共沸混合物的分离是化工领域面临的一个主要难题。通过本实验，学生可以了解渗透汽化法分离技术的原理和方法；掌握硅橡胶膜制备的原理和方法；掌握气相色谱（GC）法进行定性和定量分析的原理和方法，熟悉气相色谱仪器的操作和数据处理等方法。

二、实验原理和方法

渗透汽化（pervaporation，PV）作为极具发展潜力的液体分离技术，在生物化工、石化、精细化工、制药等领域具有非常广阔的应用前景[1,2]。与其他分离技术（蒸馏、萃取、吸附）相比，渗透汽化具有能耗低、操作方便、分离效率高，环境友好等优点，适用于分离液体混合物中少量组分（通常质量分数小于10%），在分离热敏、近沸及共沸混合物方面具有不可比拟的优势[3]。许多聚合物，如聚乙烯醇（PVA）、壳聚糖（CS）、聚酰亚胺（PI）、聚乙烯吡咯烷酮（PVP）、聚二甲基硅氧烷（PDMS）等，因其优异的物理化学性能用于渗透汽化分离过程。其中，PDMS是一种橡胶态膜材料，因其突出的成膜性能及较强的热稳定性和疏水性能，常用于水中少量有机物的脱除[4]。

渗透汽化分离原理为待分离组分在其蒸气压差推动下，首先在膜表面选择性吸附溶解，并在膜内扩散，最后渗透组分在膜下游侧汽化，利用不同组分在吸附、溶解和扩散过程中的差异而实现分离，其渗透过程见图 2-8-1，渗透汽化装置见图 2-8-2。

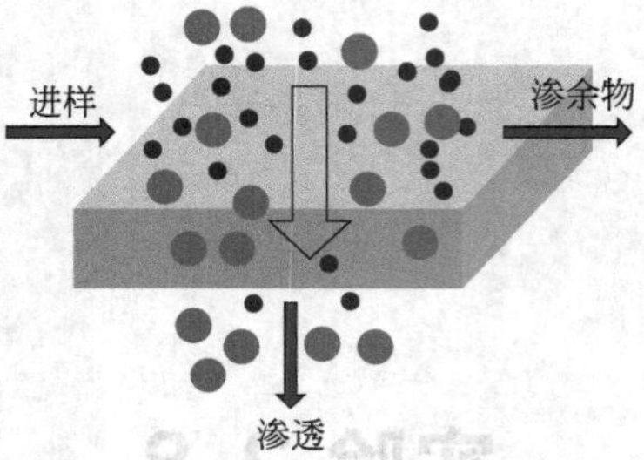

图 2-8-1　渗透过程示意图

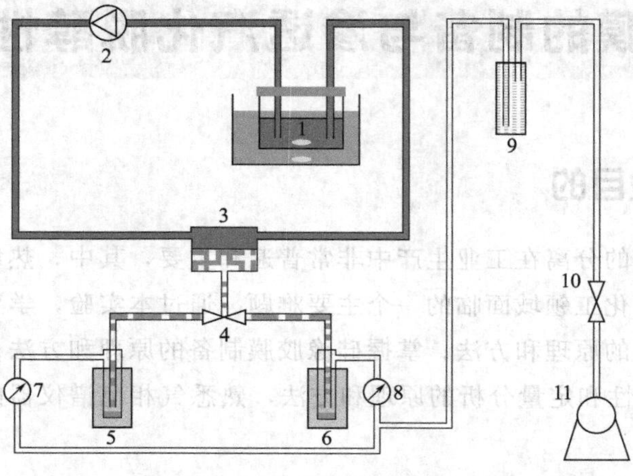

图 2-8-2　渗透汽化装置

1—料液槽；2—蠕动泵；3—渗透池；

4,10—三通阀；5,6—冷阱；7,8—真空表；9—干燥瓶；11—真空泵

三、试剂、材料和仪器

（1）主要试剂

107 室温硫化硅橡胶（简称 PDMS，黏度 50 000 mPa・s）、正硅酸乙酯 [$Si(OC_2H_5)_4$，TEOS，≥98.0%]、二月桂酸二丁基锡（≥98.0%）、正庚烷（≥99.0%）、正丁醇（≥99.0%）。

（2）主要材料

聚偏氟乙烯超滤膜（简称 PVDF，截留分子量 10 万～15 万）、GDX-103（3）色谱柱。

（3）主要仪器

塑料烧杯、电子天平、量筒、移液枪、隔膜真空泵、油浴锅、蠕动泵、杜瓦瓶、冷阱、气相色谱仪、微量进样器。

四、实验内容

(1) 硅橡胶膜的制备

首先称取 1.9543 g PDMS 溶解在 20 mL 正庚烷中，继续搅拌 4 h 后，加入交联剂（正硅酸乙酯）与催化剂（二月桂酸二丁基锡）。搅拌 3 min 后，将铸膜液倾倒于预先经水浸泡处理的 PVDF 超滤膜上刮膜，室温自然干燥后，置于 80 ℃真空干燥箱中干燥 4 h，获得 PDMS 膜[4]。

(2) 渗透汽化分离性能的研究

将膜放置于渗透汽化池中，膜的有效面积 16.96 cm^2。以质量分数 4%的正丁醇水溶液为渗透汽化分离体系，循环流速为 9 L/h。料液槽放于油浴锅中并保持 40 ℃恒温。膜的渗透汽化性能通过渗透通量（J）、正丁醇/水分离因子（β）表征[5]。渗透通量指渗透液在单位时间、单位面积内通过膜的总质量：

$$J=\frac{W}{A\cdot\Delta t}$$

式中，J 为渗透通量，$g/(m^2\cdot h)$；W 为渗透液质量，g；A 为渗透过程中有效膜面积，m^2；Δt 为渗透汽化时间，h。分离因子表示膜对两种物质的分离效率：

$$\beta=\frac{Y_i/(1-Y_i)}{X_i/(1-X_i)}$$

(3) 气相色谱分析渗透汽化产物

用气相色谱仪（GC 2014 型）分析透过液中水和正丁醇含量。由于透过液中正丁醇含量较高，与水分层，需加入一定量蒸馏水稀释后，再进行气相分析。气相色谱的分析条件为：色谱柱 GDX-103（3），TCD 检测器，载气（氢气）流量 150 mL/min，柱温 200 ℃，进样器 230 ℃，DET 检测器 230 ℃，AUX1 250 ℃，桥路电流 100 mA，进样量 1 μL。

五、实验注意事项

(1) 制备硅橡胶膜时，保证刮刀刀刃与模具平面平行。

(2) 在渗透汽化研究结束时，要先转动三通与外界相通后，再关闭真空泵。

(3) 实验前应查阅足够的参考文献，并设计好实验方案后方可进行实验。

六、扩展思考

(1) 在渗透汽化分离中，常见的疏水性膜材料有哪些？

(2) 渗透汽化本征性能如何表征？

(3) 渗透汽化还可用于哪些混合物体系的分离？

七、参考文献

[1] Wu G, Li Y, Geng Y, et al. Journal of Membrane Science, 2019, 581: 1-8.

[2] Jia Z, Wu G. Microporous and Mesoporous Materials, 2016, 235: 151-159.

[3] Wu G, Li Y, Geng Y, et al. Journal of Chemical Technology and Biotechnology, 2019, 94 (3): 973-981.

[4] Wu G, Chen X, Li Y, et al. Microporous and Mesoporous Materials, 2019, 279: 19-25.

[5] Wu G, Jiang M, Zhang T, et al. Journal of Membrane Science, 2019, 507: 72-80.

实验 2.9

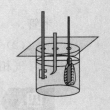

过渡金属/碳纳米管催化剂的制备及苯加氢催化性能研究

一、实验目的

本实验主要了解过渡金属/碳纳米管催化剂的制备方法，掌握浸渍法制备催化剂。了解多相催化反应装置以及催化操作过程，掌握催化反应效率计算方法以及对催化剂催化性能的评价方法。

二、实验原理和方法

过渡金属催化不饱和有机化合物（如烯烃、炔烃等）的氢化反应具有原子经济性高、操作简单、清洁绿色等优点，是最重要的有机反应之一，一直是研究的重点和热点，并在工业生产中得到广泛应用。而碳纳米管独特的一维中空结构、优良的电学性质、大的比表面以及强的吸附性能都赋予其作为催化剂载体的良好条件[1]。有研究表明，将过渡金属负载于碳纳米管其还原氢化活性明显增强[1]。

目前，碳纳米管负载过渡金属催化剂的制备方法很多，最常用的方法主要有浸渍法和沉淀法[2]。本实验采用浸渍法将钴、镍、铁、铜等过渡金属负载于碳纳米管，制备出钴/碳纳米管、镍/碳纳米管、铁/碳纳米管、铜/碳纳米管催化剂；将该催化剂催化苯加氢反应生成环己烷，考察过渡金属/碳纳米管催化剂的苯加氢催化性能，并与传统苯加氢催化剂作对比，探讨碳纳米管作为载体材料的作用[3-5]。

三、试剂和仪器

（1）主要试剂

无水乙醇、乙二醇、氨水、苯、醋酸钴、醋酸镍、硝酸铁、醋酸铜、碳纳米管。

（2）主要仪器

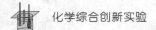

气相色谱仪、固定床反应器、U形石英反应器。

四、实验内容

（1）催化剂的制备（以钴/碳纳米管为例）

150 mL 68%的硝酸加入到装有3 g碳纳米管的圆底烧瓶中，在120 ℃下回流冷凝5 h，然后冷却、过滤，用去离子水清洗直到pH值约为7，60 ℃干燥12 h。0.5 g处理过的碳纳米管加入到一定量的醋酸钴水溶液中（提示：6 mL醋酸钴水溶液可制得负载量为8%的钴/碳纳米管产品），浸渍一定时间后，超声处理20 min，然后在60 ℃下干燥12 h，最后样品置于管式炉中在N_2保护下加热至400 ℃，保持3 h，即得钴/碳纳米管产品。

采用以上制备方法，制备不同催化剂，供苯催化加氢性能试验。

① 制备产品中钴的负载量分别为3%、5%、8%、10%的钴/碳纳米管催化剂。

② 将活性炭、石墨碳、氧化铝、MCM-41、HY、HZSM-5代替碳纳米管作为载体，制备负载8%的钴的催化剂产品。

（2）苯加氢催化实验

该实验在常压下U形石英反应器（内径为3 mm）进行的。在催化过程中，催化剂50 mg预先被装在U形石英反应器中，升温到160 ℃后，通入H_2/C_6H_6混合气体（$V_{H_2}/V_{C_6H_6}=4.8$），气体流量为6 mL/min。反应产品通过氢火焰检测器在线分析，利用3 mm×3 m填充式硅SE-30不锈钢分析柱分离。

五、实验注意事项

（1）实验中多次需要高温加热，且有危险易燃气体氢气以及有毒液体苯。因此，实验过程中一定要按照制定的实验方法开展实验。

（2）实验中所用载体材料碳纳米管中含有金属杂质，需要对碳纳米管进行纯化处理。因此，可以利用强酸对碳纳米管中的金属杂质进行去除，而且可以选择不同的酸、不同的处理方法（如超声法）来纯化碳纳米管。

（3）实验中所需最佳催化剂活性组分过渡金属为单质，可以通过催化剂制备—催化剂过渡金属组分还原—催化剂活化—催化反应在线完成。

六、扩展思考

（1）催化剂制备过程中为何需要超声处理？目前，除了浸渍法，催化剂制备方法还有哪些？

(2) 催化效率的计算方法有哪些，分别是如何评价催化剂催化性能的？

(3) 如果我们做苯的燃烧实验，如何改装苯加氢反应装置？

七、参考文献

[1] 杨红晓．碳纳米管负载过渡金属催化剂加氢性能研究［D］．南京：南京大学，2011.

[2] 张宏哲．碳纳米管负载金属催化剂的制备及性能研究［D］．大连：大连理工大学，2006.

[3] Song S Q，Rao R C，Yang H X，et al. Journal of Physical Chemistry C，2010，114：13998-14003.

[4] Yang H X，Song S Q，Rao R C，et al. Journal of Molecular Catalysis A：Chemical，2010，323：33-39.

[5] Song S Q，Jiang S J. Applied Catalysis B：Environmental，2012，117：346-350.

实验 2.10

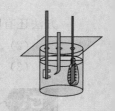

基于类普鲁士蓝化合物的纳米多孔复合物可控合成及其光催化性能研究

一、实验目的

材料的微观尺寸和形貌直接影响着其各项应用性能，因此近年来国内外的材料研究工作者对微纳米尺度范围内材料的形貌可控合成一直保持着高度的关注。类普鲁士蓝（PBA）化合物由于独特的晶体结构，在很多方面存在潜在的应用价值，制备不同微观形貌的类普鲁士蓝化合物并研究其特殊性能是目前的研究热点。本实验主要是为了提高本科教学质量，开拓学生对无机纳米多孔复合物的了解，学习和掌握用纳米材料形成的过程和性能应用，加强学生的动手能力。

二、实验原理和方法

普鲁士蓝是已知的最早被合成的配位化合物，它是具有面心立方结构的混合价态亚铁氰化铁 $Fe_4[Fe(CN)_6]_3 \cdot xH_2O$。普鲁士蓝类配位聚合物又称为类普鲁士蓝简称，其在分子磁体、功能磁性、储气性能、电化学、传感器等领域表现出很好的应用潜力就是因为其特殊的组成和纳米多孔结构，受到了人们的广泛研究。

具有特定形貌的类普鲁士蓝化合物的制备方法分为单一反应物和两种反应物两种情况。单一反应物是指直接以可溶性金属氰酸盐（如 $K_4[Fe(CN)_6]$、$K_3[Fe(CN)_6]$和 $K_3[Co(CN)_6]$）为原料进行的反应。两种反应物是指一种金属盐（如 $FeCl_3$ 和 $CoCl_3$）和可溶性金属氰酸盐（如 $K_3[Fe(CN)_6]$ 和 $K_3[Co(CN)_6]$）直接混合，通过沉淀法、水热法、微乳液法或硬模板法等方法发生反应生成类普鲁士蓝化合物。以类普鲁士蓝化合物为前驱体，通过高温煅烧的方法便可得到纳米多孔复合物。

三、试剂、材料和仪器

（1）主要试剂

铁氰酸钾［$K_3Fe(CN)_6 \cdot 3H_2O$］、硝酸钴［$Co(NO_3)_2 \cdot 6H_2O$］、硝酸铜［$Cu(NO_3)_2 \cdot 5H_2O$］、硝酸镍［$Ni(NO_3)_2 \cdot 6H_2O$］、醋酸锌［$Zn(CH_3COO)_2$］、聚乙烯吡咯烷酮（PVP）、聚乙二醇（PEG 4000）、异丙醇、罗丹宁 B。

（2）主要材料

称量纸、称量勺、紫外光的光源。

（3）主要仪器

电子天平、电热鼓风干燥箱、磁力搅拌器、离心机、不锈钢高压釜、紫外可见分光光度计。

四、实验内容

（1）片状类普鲁士蓝化合物的制备

① 配制溶液 A：把 $Zn(CH_3COO)_2$ 和 PVP 溶解在 20 mL 的异丙醇中，超声搅拌使其形成澄清透明的溶液。

② 配制溶液 B：将 $K_3Fe(CN)_6$ 加入 20 mL 去离子水中，搅拌得到黄色澄清溶液。

③ 将溶液 B 均匀缓慢地滴加入溶液 A 中，边滴加边搅拌，并磁力搅拌该溶液约 10 min，得到黄色澄清溶液。将该溶液转移至 50 mL 的聚四氟乙烯内衬的不锈钢高压釜中，密闭，在 120 ℃下保温 24 h。当反应结束后，用离心法收集所得沉淀，用去离子水和乙醇洗涤四遍。然后转移至培养皿中，在 60 ℃下干燥 12 h，最终得到白色的产物。

（2）纳米多孔复合物的制备

将上述产品转移到坩埚中，高温煅烧。

（3）光催化性能测试方法

在烧杯中加入一定量的罗丹明 B 溶液，将煅烧后的产物加入溶液中，然后在黑暗条件下搅拌一段时间使在罗丹明 B 样品上达到吸附-解析平衡，将烧杯移至紫外线下，烧杯口与紫外线灯的距离为 20 cm，照射过程中溶液一直处在搅拌的状态中。每隔几分钟取一定量的溶液并稀释，将溶液移入离心管中离心分离沉淀，取上层清液进行吸光度测试。

五、实验注意事项

（1）实验中要用到的实验器皿都必须洗涤干净，否则会对实验结果产生影响。

（2）高温煅烧时的温度和升温速度。

（3）光催化性能测试过程中的罗丹明 B 的初始浓度和吸附-解析平衡时间控制。

（4）保持实验室的清洁和卫生，实验试剂用完放回原处。

六、扩展思考

（1）吸附-解析平衡时间如何确定？

（2）在合成类普鲁士蓝化合物的过程中，反应温度对形貌有很大的影响，在室温下能否得到形貌特殊的该类化合物？可进行试探实验。

七、参考文献

［1］ 于浩．基于多核金属铁氰化物的化学修饰电极及其应用［D］．西安：西北大学，2007.

［2］ Kumar A，Yusuf S M，Keller L，et al. Physical Review B，2007，75（22）：224419-224430.

［3］ Liu M，Xu M. Inorganic Chemistry Communications，2012，26：24-26.

［4］ Shi Q，Teng Y，Zhang Y，et al. Chinese Chemical Letters，2018，29（9）：1379-1382.

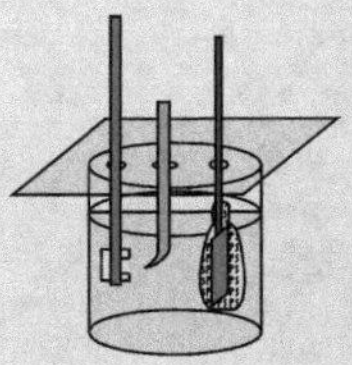

第三单元

合成化学

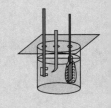

实验 3.1

Al_{13}晶体的制备及表征

一、实验目的

制约形态分析方法发展的关键因素之一是缺少可以用于形态分析的形态标准物质。开展形态标准物质的研究是实现从人为定义的形态分析向真正意义形态分析转变的关键之一[1]。通过条件的优化，制备三种不同形貌的铝晶体，并对其进行表征。其中单一晶型的聚合铝（Al）硫酸盐晶体可作为聚合铝形态研究的标准物质。通过本实验使学生训练和熟悉晶体制备的基本操作，理解 Al_{13} 晶体制备的机理，掌握制备 Al_{13} 晶型沉淀的制备条件和方法，了解晶体的表征技术。

二、实验原理和方法

（1）原理：滴加 NaOH 溶液，调节增大 $AlCl_3$ 溶液的 pH，通过促进其水解，加入硫酸盐使其以不溶于水的结晶形式析出。

（2）方法：取 25 mL 0.25 mol/L 的 $AlCl_3$ 溶液于 250 mL 玻璃杯中，用恒温水浴加热溶液至 80 ℃，在强力电磁搅拌下，慢慢滴加一定体积（根据羟铝比的要求）0.25 mol/L 的 NaOH（滴加速度不能超过 4 mL/min），冷却至室温，放置 24～48 h（熟化）。加入 62.5 mL 0.1 mol/L 的 Na_2SO_4 溶液，陈化 48 h，过滤，用蒸馏水洗涤晶体两遍，用 70% 乙醇溶液洗涤晶体两遍，自然风干，储存在干燥器中备用[2,3]。

三、试剂和仪器

（1）主要试剂

三氯化铝、氢氧化钠、硫酸钠，均为分析纯。

（2）主要仪器

恒温水浴锅、电磁搅拌装置、显微镜、载玻片、250 mL 烧杯若干。

四、实验内容

按实验方法，改变实验参数，研究不同参数下获得晶体的形貌特征。

（1）羟铝比对聚合铝形成的影响。

（2）加碱时的温度、速度和搅拌程度对聚合铝形成的影响。

（3）熟化过程中聚合铝溶液 pH 的变化。

（4）不同羟铝比对聚合铝硫酸盐晶体形成的影响。

（5）硫酸钠用量对铝的硫酸盐晶体的影响。

（6）陈化时间对聚合铝硫酸盐晶体形状的影响。

五、实验注意事项

（1）严格按照试验方法要求配制溶液浓度，否则会影响晶体的形成。

（2）加碱速度要缓慢，加碱过程中要不断搅拌溶液，防止溶液局部过浓。

六、扩展思考

（1）在溶液中制备晶型沉淀需要控制哪些条件？

（2）实验为什么要水浴加入控制一定的温度？

（3）氢氧化钠的加入为什么必须控制一定的加入速度，而不能快速加入？

（4）溶液酸度、温度、陈化时间、Al/OH 的比例对沉淀的形成有什么影响？

七、参考文献

[1]　Quevauviller P. Trends of Analytical Chemistry，2000，19：67-68.

[2]　罗明标，王趁义，刘淑娟，等．无机化学学报，2004，20（1）：69-73.

[3]　喻德忠，蔡浩，王红力．武汉大学学报（理学版），2014，60（4）：293-297.

实验 3.2

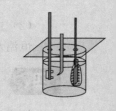

1-丁基-3-甲基咪唑六氟磷酸盐的制备及表征

一、实验目的

离子液体具有独特的性能，可广泛应用于化学研究的各个领域，如可作为多种类型反应以及分离提纯的绿色溶剂，可作为电解质应用于制造新型高性能电池、太阳能电池以及电容器等，因而受到越来越多的化学工作者的关注。本实验采用两步合成法，通过条件的优化，制备离子液体 1-丁基-3-甲基咪唑六氟磷酸盐（[Bmim]PF_6），并对其进行表征。通过本实验使学生训练和熟悉蒸馏、减压蒸馏、重结晶等基本操作，掌握离子液体的常用制备方法，了解离子液体的表征技术。

二、实验原理和方法

离子液体是指在室温或接近室温下呈现液态的、完全由阴阳离子所组成的盐，也称为低温熔融盐。它一般由有机阳离子和无机阴离子或有机阴离子构成，常见的阳离子有季铵盐离子、季鏻盐离子、咪唑盐离子和吡咯盐离子等，阴离子有卤素离子、四氟硼酸根离子、六氟磷酸根离子等[1]。

离子液体种类繁多，改变阳离子、阴离子的不同组合，可以设计合成出不同的离子液体。离子液体的合成大体上有两种基本方法：直接合成法和两步合成法。其中常用的四氟硼酸盐和六氟磷酸盐类离子液体的制备通常采用两步法[2]。首先，通过季铵化反应制备出含目标阳离子的卤盐；然后用目标阴离子置换出卤素离子或加入 Lewis 酸来得到目标离子液体。特别注意的是，在用目标阴离子 Y 交换 X^-（卤素）阴离子的过程中，必须尽可能地使反应进行完全，确保没有 X^- 阴离子留在目标离子液体中，因为离子液体的纯度对于其应用和物理化学特性的表征至关重要。下面是 1-丁基-3-甲基咪唑六氟磷酸盐（[Bmim]PF_6）的合成路线：

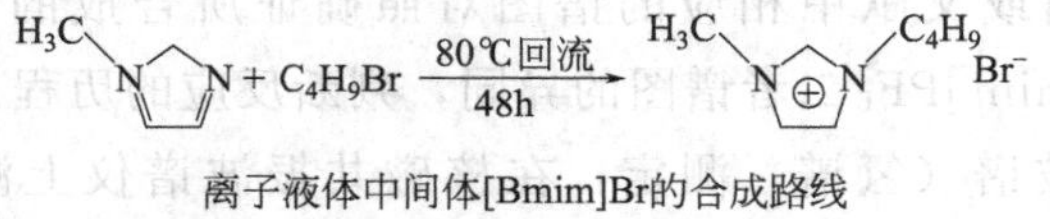

离子液体中间体[Bmim]Br的合成路线

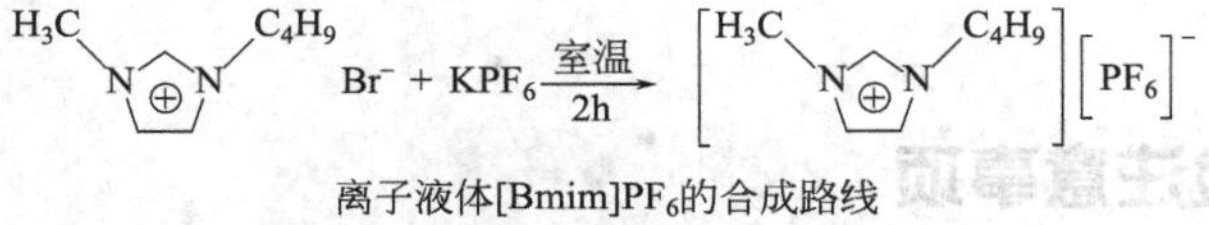

离子液体[Bmim]PF_6的合成路线

本实验采用红外光谱（IR）和核磁共振氢谱（^{1}HNMR）对所合成的1-丁基-3-甲基咪唑六氟磷酸盐的结构进行表征。

三、试剂和仪器

（1）主要试剂

溴代正丁烷、*N*-甲基咪唑、四氢呋喃、乙腈、六氟磷酸钾、乙醚，均为分析纯；二次蒸馏水。

（2）主要仪器

电子天平、旋转蒸发器、循环水式多用真空泵、减压真空油泵、恒温磁力搅拌器、电动搅拌器、真空干燥箱，三口烧瓶、分液漏斗、冷凝器、温度计、烧杯、U形干燥管等玻璃仪器，红外光谱仪、核磁共振谱仪。

四、实验内容

（1）[Bmim]PF_6的制备

① 中间体溴化1-丁基-3-甲基咪唑（[Bmim]Br）的制备：将过量的溴丁烷慢慢加入装有一定量*N*-甲基咪唑的三口烧瓶中，一边搅拌一边加热直到加完；保持一定温度反应一段时间后，停止加热，冷却；倾出过量的溴丁烷，真空抽去过量的溴丁烷后，用四氢呋喃和乙腈重结晶，得到纯的[Bmim]Br。

按以上实验步骤，研究反应物配比、反应温度、反应时间等因素对目标产物产率的影响。

② [Bmim]PF_6的制备：将适量的六氟磷酸钾钠和水加入制得的[Bmim]Br中，搅拌一段时间后，静置；倾去上层的水，然后用水洗三次，乙醚洗一次；真空干燥，得到无色或淡黄色的[Bmim]PF_6。

按以上实验步骤，研究反应物配比、反应时间等因素对目标产物产率的影响。

（2）[Bmim]PF_6的表征

① 红外光谱测定：在红外光谱仪上测定[Bmim]Br和[Bmim]PF_6的红外

光谱，与标准谱图或文献中相应的谱图对照确证所合成的离子液体，并根据[Bmim]Br 和 [Bmim]PF_6二者谱图的异同，判断反应的历程。

② 核磁共振波谱（氢谱）测定：在核磁共振波谱仪上测定 [Bmim]Br 和 [Bmim]PF_6的^{1}H NMR 谱，分析 PF_6^- 对氢的化学位移的影响，判断离子液体的结构。

五、实验注意事项

（1）将溴丁烷加入装有 *N*-甲基咪唑的三口烧瓶中时，不但要慢，还要不断搅拌，直到加完，以免反应体系过热产生副产物，影响产率。

（2）实验前，通过查阅文献，设计出合成过程中各步骤的优化实验方案。

（3）请查阅有关文献，了解离子液体表征的具体操作方法。

六、扩展思考

（1）反应是放热反应，如何控制反应速度？

（2）重结晶的溶剂如何选择？

七、参考文献

[1] Huddleston J G，Willauer H D，Swatloski R P，et al. Chemical Communications，1998，16：1765-1766.

[2] 乐长高，谢宗波．离子液体的合成及其在有机合成中的应用．北京：科学普及出版社，2010.

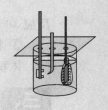

实验 3.3

D-脯氨酸催化合成 N,O-缩醛化合物

一、实验目的

N,*O*-缩醛化合物存在于许多具有生物活性的天然产物和药物中[1]，这种化合物也可以作为一些有机反应的原料[2]，本实验以芳香醛、脲、脂肪醇为原料，D-脯氨酸为催化剂，催化合成 *N*,*O*-缩醛化合物。该合成方法具有操作简便、反应条件温和、催化剂易得、无需中间体的分离等优点，为合成 *N*,*O*-缩醛化合物提供了一种便捷的方法。通过本实验使学生训练和熟悉有机化合物制备的基本操作，以及掌握柱色谱分离有机化合物的原理和基本操作。

二、实验原理和方法

（1）原理

醛与脲首先反应生成席夫碱，然后在 D-脯氨酸的催化下席夫碱与醇进行迈克尔加成反应，得到 *N*,*O*-缩醛化合物。

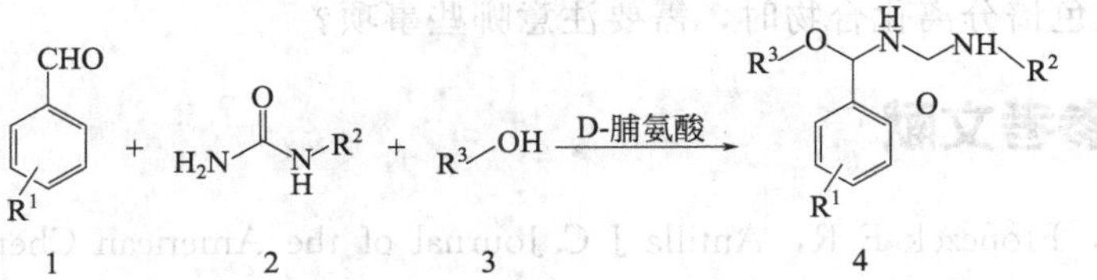

1　　2　　3　　4

（2）方法

具体包括以下步骤：

① 取 10 mL 反应试管，加入 0.2 mmol 对硝基苯甲醛、0.4 mmol 尿素、5 mg D-脯氨酸和 2 mL 甲醇（过量的醇为了溶解反应底物）；

② 将步骤①中的反应试管用磁力搅拌器进行搅拌，在室温下，转速 200 r/min，

反应 30 h 得到粗产品，薄层色谱（TLC）跟踪反应进程；

③ 将步骤②中得到的粗产品进行柱色谱分离，洗脱剂采用乙酸乙酯和石油醚，体积比为 4∶1，经真空干燥箱干燥得到 *N*,*O*-缩醛化合物。

三、试剂和仪器

（1）主要试剂

芳香醛、脲、脂肪醇、D-脯氨酸、乙酸乙酯、石油醚。

（2）主要仪器

电子天平、色谱柱、硅胶柱、旋转蒸发器、循环水式多用真空泵、磁力搅拌器、真空干燥箱。

四、实验内容

按实验方法，改变实验参数，研究不同参数下获得目标产物的产率。

（1）催化剂的量对目标产物形成的影响。

（2）温度、底物摩尔比、反应时间对目标产物形成的影响。

（3）反应底物取代基的不同对反应产率的影响。

五、实验注意事项

（1）用薄层色谱（TCL）跟踪反应进程。

（2）柱色谱的装柱方法及洗脱剂的选择。

六、扩展思考

（1）催化剂量过多为什么不能使目标产物的产率增加，却反而降低了？

（2）温度过高，产率降低，为什么？

（3）柱色谱分离化合物时，需要注意哪些事项？

七、参考文献

［1］ Li G，Fronczek F R，Antilla J C. Journal of the American Chemical Society，2008，130（37）：12216-12217.

［2］ Huang Y Y，Cai C，Yang X，et al. ACS Catalysis，2016，6（9）：5747-5763.

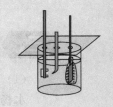

实验 3.4

冬青油的合成和红外光谱测定

一、实验目的

（1）学习酯化反应的基本原理和基本操作。

（2）学习有机回流和有机分液的原理和操作。

（3）学习红外光谱测定的原理和操作。

二、实验原理和方法

酯是醇和酸失水的产物。酯的制备方法很多，其中直接利用酸和醇合成酯的反应称为酯化反应，常用的催化剂是硫酸、氯化氢或苯磺酸等，酯化反应进行得很慢，并且是可逆反应，反应到一定程度时即自行停止。为提高产率，必须使反应尽量地向右进行，一个方法是用共沸法形成共沸混合物，将水带走，或加合适的脱水剂把反应中产生的水除去。另一方法是反应时加入过量的醇或酸，以改变反应达到平衡时反应物和产物的组成。根据平衡原理，用过量的醇可以把酸完全转化为酯，反过来，用过量的酸也可以把醇完全酯化。在有机合成中，常常选择最合适的原料比例，以最经济的价格来得到最好的产率。

冬青油（即水杨酸甲酯）的制备一般是将水杨酸在酸催化下和过量的甲醇反应生成（其中的甲醇既作为反应原料，又作为反应溶剂），反应式为：

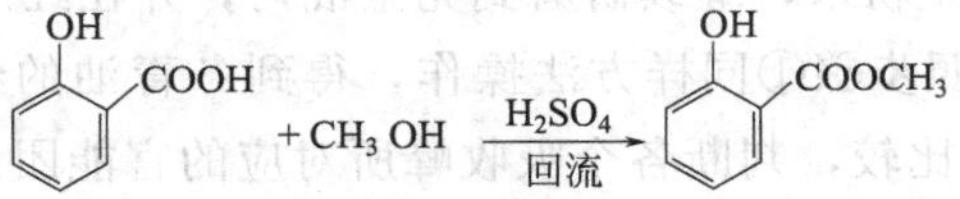

三、试剂和仪器

（1）主要试剂

水杨酸、甲醇、浓硫酸、5%的碳酸氢钠、饱和食盐水、无水氯化钙、溴化钾。

（2）主要仪器

有机合成制备仪、电子天平、循环水式多用真空泵、减压真空油泵、红外光谱仪。

四、实验内容

（1）冬青油的合成

在 100 mL 圆底烧瓶中依次加入 7 g 水杨酸和一定量的甲醇，轻轻振摇烧瓶，使水杨酸溶于甲醇中，再在振摇下慢慢滴入浓硫酸，混匀。加入 1～2 粒沸石，装上带有干燥管的回流冷凝管，用电热套加热回流。稍冷后将烧瓶浸入冷水浴中，使其中的溶液冷却，然后在振摇下加入 40 mL 饱和食盐水。将反应混合物倾至分液漏斗，将有机层分开。用 50 mL 5%的碳酸氢钠洗涤粗酯，再用 15 mL 水分两次洗涤有机层，分出有机层，转入 25 mL 锥形瓶中，用无水氯化钙干燥，将干燥后的粗产物先在水泵减压下蒸去可能存在的低沸点物，然后用油泵减压，收集 100～110 ℃(14 mmHg，1 mmHg＝133.32 Pa）的馏分。

按以上实验步骤，改变实验参数，研究不同参数下获得目标产物的产率：

① 底物摩尔比对目标产物产率的影响。

② 催化剂用量对目标产物产率的影响。

③ 回流反应时间对目标产物产率的影响。

（2）冬青油的红外光谱测定

① 纯 KBr 薄片扫描本底：取少量 KBr 固体，在玛瑙研钵中充分磨细，在红外灯下烘烤 10 min 左右。取出约 100 mg 装于压片模具内，在压片机上于29.4 MPa压力下压 1 min，制成透明薄片，插入红外光谱仪，从 4000～6000 cm^{-1}进行扫描。

② 扫描固体样品：取 1～2 mg 冬青油产品，在玛瑙研钵中充分研磨后，加入400 mg 干燥的 KBr 粉末，继续研磨到完全混匀，并在红外灯下烘烤 10 min 左右。取出 100 mg 按照步骤①同样方法操作，得到冬青油的红外光谱，并和冬青油的标准红外光谱图比较，判断各个吸收峰所对应的官能团。

五、实验注意事项

（1）纯冬青油的沸点为 222.2 ℃(760 mmHg)，105 ℃(14 mmHg)；密度

为 1.182。

（2）本反应所有仪器必须干燥，任何水的存在将降低收率。

（3）避免明火加热，因为甲醇为低沸点易燃液体。

（4）因冬青油和饱和食盐水的密度相近，很难分层，易呈悬浊液，若遇此现象可加入 5 mL 环己烷一起振摇后静置。

（5）分几次加入碳酸氢钠溶液，并轻轻振摇分液漏斗，使生成的二氧化碳气体及时逸出。最后塞上塞子，振摇几次，并注意随时打开下面的活塞放气，以免漏斗集聚的二氧化碳气体将上口活塞冲开，造成损失。

（6）红外光谱测定实验完成后应取下样品架，取出薄片，将模具、样品架擦净收好。

六、扩展思考

（1）怎样避免回流过程中溶液变黑？

（2）每一步洗涤的原理和目的是什么？

七、参考文献

[1] 邢其毅，裴伟伟，徐瑞秋，等．基础有机化学：第四版．北京：北京大学出版社，2016。

[2] 颜朝国．新编大学化学实验（四）——综合与探究：第二版．北京：化学工业出版社，2016。

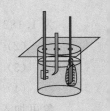

实验 3.5

金属钯催化 Suzuki 偶联反应制备 4-(4-吡啶)苯甲醛

一、实验目的

(1) 理解金属钯(Pd)催化 Suzuki 偶联反应的机理。

(2) 了解实验室制备四(三苯基膦)钯[$Pd(PPh_3)_4$]的方法。

(3) 掌握金属有机反应中无水无氧操作的基本方法。

(4) 掌握柱色谱分离技术和薄层色谱(TLC)检测技术的原理及操作方法。

二、实验原理和方法

金属有机化学是最活跃的有机化学领域之一。许多过去认为难于进行或反应条件苛刻的有机反应,由于金属的参与,变得容易进行或反应更温和、更高效、选择性更好。

Suzuki 偶联反应是日本北海道大学 Suzuki 教授于 1995 年发现的[1],目前广泛用于形成芳基碳碳键的反应。二十多年来,经过科学家们的不懈努力,发现利用 Pd、Ru 等金属催化剂[1,2],特别是负载型金属催化剂[3,4]催化的 Suzuki 偶联反应,具有选择性高、产物收率高、催化剂活性高等优点。本实验采用金属 Pd 作为催化剂,通过 Suzuki 偶联反应制备 4-(4-吡啶)苯甲醛。反应式如下:

$$PdCl_2 + PPh_3 \longrightarrow [Pd(PPh_3)_4]_2Cl_2 \xrightarrow{H_2NNH_2} Pd(PPh_3)_4$$

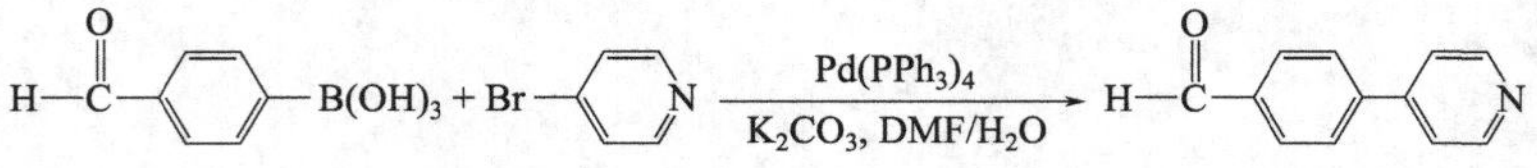

目标产物 4-(4-吡啶)苯甲醛是合成 SAG(Smoothened Agonist)及其衍生

物的重要中间体，而 SAG 对细胞信号的传导途径之一（即 Hedgehog 通路）具有明显的调节作用。当前化学基因组学研究的方向之一是通过筛选 SAG 类化合物，研究其在细胞分裂、增殖和定向分化等过程中的作用，因此，4-(4-吡啶) 苯甲醛的合成在基因组学研究中具有重要的意义。

三、试剂和仪器

（1）主要试剂

$PdCl_2$、PPh_3、DMSO、$NH_2NH_2 \cdot H_2O$、C_2H_5OH、$C_2H_5OC_2H_5$、K_2CO_3、DMF、$CH_3COOC_2H_5$、无水 Na_2SO_4、对甲酰苯硼酸、4-溴吡啶盐酸盐、石油醚、无水硅胶。

（2）主要仪器

三口烧瓶（100 mL、50 mL 各一个）、真空泵、氮气钢瓶、电磁搅拌器、油浴控温装置、注射器（1 mL）、真空干燥箱、棕色瓶、薄层色谱（TLC）装置、紫外检测仪、旋转蒸发仪、耐压色谱柱（1.5 cm×30 cm）、GC-MS 联用仪。

四、实验内容

（1）$Pd(PPh_3)_4$的制备

将 $PdCl_2$(200 mg) 和 PPh_3按一定的配比加入 100 mL 三口烧瓶中，抽真空、充入氮气（重复三次），在 N_2保护下开启电磁搅拌器，边搅拌边加入一定体积的 DMSO。使用油浴控温装置加热至一定温度，搅拌至全溶后，停止加热，静置 1～2 min。用注射器注入少量 $NH_2NH_2 \cdot H_2O$，冷水浴中冷却至有晶体析出，除去冷水浴，待结晶完全。过滤，并以等体积 C_2H_5OH(3 mL) 洗涤晶体四次，再以等体积 $C_2H_5OC_2H_5$(1 mL) 洗涤两次，置于真空干燥箱干燥，即得产物。称重，计算收率。最后将产物转移至棕色瓶中低温保存。

按以上实验步骤，改变实验参数，研究不同参数下获得 $Pd(PPh_3)_4$的产率。

① 底物摩尔比对目标产物产率的影响；

② DMSO 和 $NH_2NH_2 \cdot H_2O$ 的用量对目标产物产率的影响；

③ 反应温度对目标产物产率的影响。

（2）4-(4-吡啶) 苯甲醛的制备

依次取对甲酰基苯硼酸（150 mg）、K_2CO_3、DMF(3 mL)、水（1 mL）先后加入 50 mL 三口烧瓶中。在 0 ℃下搅拌 5 min，然后加入 4-溴吡啶盐酸盐（190 mg），抽真空、充入氮气（重复三次）。在 N_2保护下加入一定量的$Pd(PPh_3)_4$，使用油浴控温装置加热至一定温度，搅拌 2h，反应过程中采用 TLC 跟踪反应，并用紫外检测仪观察反应物的消耗和产物的生成。当反应物反应完毕后，冷却至室温，再加入 5 mL 水并以等体积 $CH_3COOC_2H_5$（10 mL）萃取 3 次，合并有机相，用无水 Na_2SO_4 干燥后过滤，旋转蒸发溶剂，即得粗产物，称重。

按以上实验步骤，改变实验参数，研究不同参数下获得 4-(4-吡啶) 苯甲醛的产率：

① K_2CO_3 用量对目标产物产率的影响；

② 催化剂用量对目标产物产率的影响；

③ 反应温度对目标产物产率的影响。

（3）产物的纯化

取色谱柱，装入硅胶，用洗脱液（$V_{石油醚}:V_{乙酸乙酯}=2:1$）淋洗至硅胶透明及均匀，备用。用洗脱液溶解粗产物，按柱色谱分离的方法进行分离。分离后溶液用多个试管收集，并分别采用 TLC 检测产物是否出现。产物收集完毕后，全部转入圆底烧瓶中，旋转蒸发溶剂，然后干燥、称重、计算收率。有条件的可以采用 GC-MS 联用仪鉴定产物。

五、实验注意事项

（1）催化剂的制备过程中，滴加 $NH_2NH_2 \cdot H_2O$ 时一定要慢，如果加完 $NH_2NH_2 \cdot H_2O$ 后出现大量固体，必须加热将固体溶解后再慢慢冷却至晶体析出。

（2）由于新制备的 $Pd(PPh_3)_4$ 催化剂活性很高，若不能马上使用，应在 N_2 氛围中保存，或用锡纸包好并避光保存。

（3）实验前，应查阅文献，了解柱色谱、TLC 和 GC-MS 的原理和具体操作方法和步骤。

六、扩展思考

（1）简述 Suzuki 偶联反应的机理，并说明各种试剂在反应中的作用。

（2）通过查阅文献，列举出至少三个金属钯催化的偶联反应。

（3）产物纯化时，除了可以采用柱色谱分离、TLC 检测外，还可以采用哪些分离和分析方法？

七、参考文献

［1］ Miyaura N，Suzuki A. Chemical Reviews，1995，95：2457-2483.

［2］ 李晓微，周晋，禚淑萍．有机化学，2014，34（10）：2063-2067.

［3］ 李晓微，周晋，禚淑萍．有机化学，2016，36（7）：1484-1500.

［4］ 颜美，冯秀娟．有机化学，2010，30（5）：623-632.

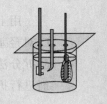

实验 3.6

阿莫西林中间体的制备与拆分

一、实验目的

（1）掌握对羟基苯甘氨酸的合成原理和方法。

（2）了解非对映异构体结晶拆分的原理及操作。

（3）学习使用旋光仪测定手性化合物的比旋光度。

二、实验原理和方法

D-对羟基苯甘氨酸是阿莫西林、头孢哌酮等抗菌药物的重要手性中间体（如，D-对羟基苯甘氨酸是阿莫西林的 6β-位侧链、头孢羟氨苄的 7β-位侧链）。目前工业生产中主要运用的是乙醛酸苯酚合成路线[1,2]，反应方程式如下：

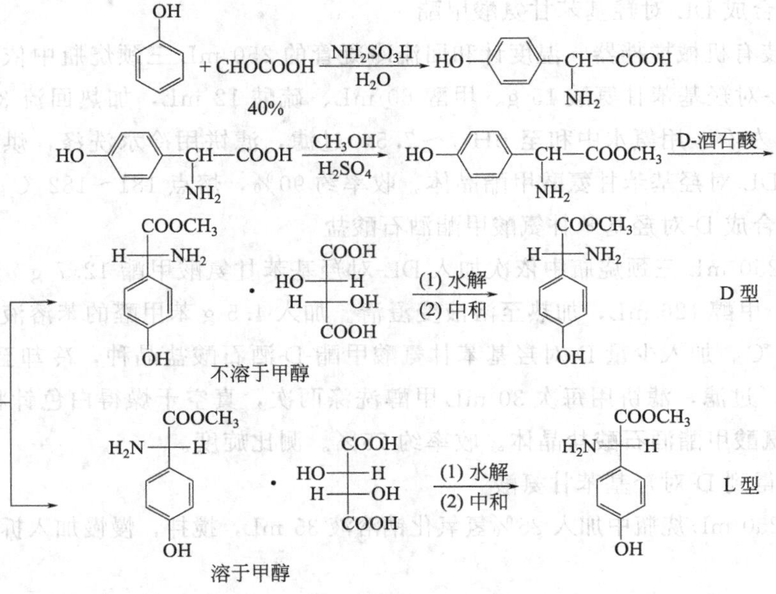

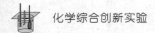

用上述化学合成法得到DL-对羟基苯甘氨酸后需对其进行拆分来制备需要的D-对羟基苯甘氨酸。DL-对羟基苯甘氨酸的拆分方法较多，如诱导结晶法、生物酶拆分法、化学拆分法等。本实验选用化学拆分法，即通过酯化，加入手性拆分剂进行拆分，再水解得到相应的手性化合物的方法。

三、试剂和仪器

（1）主要试剂

乙醛酸（40%）、苯酚、氨基磺酸、D-酒石酸、苯甲醛、硫酸、盐酸、氨水、甲醇，均为分析纯。

（2）主要仪器

搅拌器、真空干燥箱、三用紫外仪、熔点仪、制冰机、旋光仪、三颈烧瓶。

四、实验内容

（1）合成DL-对羟基苯甘氨酸

依次向250 mL三颈烧瓶中加入20 mL水、14.6 g氨基磺酸、9.4 g苯酚、1 mL硫酸，搅拌加热至60 ℃、固体全溶，开始缓慢滴加13 mL 40%的乙醛酸水溶液。滴加完毕，70 ℃保温反应约5 h，用TLC检测反应终点。反应结束后，将反应液倒入烧杯中，用25%的氨水调节pH 7。冷却至室温，析出固体，过滤，滤饼分别用适量水和甲醇洗三次。干燥，得白色DL-对羟基苯甘氨酸固体，称量，测熔点。

（2）化学拆分

① 合成DL-对羟基苯甘氨酸甲酯

在装有机械搅拌器、温度计和回流冷凝管的250 mL三颈烧瓶中依次加入合成的DL-对羟基苯甘氨酸15 g、甲醇60 mL、硫酸12 mL，加热回流3 h，冷却至25 ℃左右。用氨水中和至pH 7～7.5，过滤，滤饼用冷水洗涤，烘干，得白色针状DL-对羟基苯甘氨酸甲酯晶体。收率约90%，熔点181～182 ℃。

② 合成D-对羟基苯甘氨酸甲酯酒石酸盐

在250 mL三颈烧瓶中依次加入DL-对羟基苯甘氨酸甲酯12.7 g、D-酒石酸10.5 g、甲醇126 mL，加热至溶液变澄清。加入4.5 g苯甲醛的苯溶液，慢慢冷却至55 ℃。加入少量D-对羟基苯甘氨酸甲酯-D-酒石酸盐晶种，冷却至25 ℃搅拌50 h。过滤，滤饼用每次30 mL甲醇洗涤两次，真空干燥得白色针状D-对羟基苯甘氨酸甲酯酒石酸盐晶体。收率约75%。测比旋度。

③ 得到D-对羟基苯甘氨酸

在250 mL烧瓶中加入25%氢氧化钠溶液35 mL，搅拌，慢慢加入拆分得到的

D-对羟基苯甘氨酸甲酯酒石酸盐，保持温度不超过 50 ℃，至反应液变为澄清透明溶液。过滤，滤液用 2 mol/L 盐酸中和至 pH 6.6，冷却，过滤，滤饼用冷水洗涤。真空干燥，得白色 D-对羟基苯甘氨酸晶体，收率约 85%。测熔点和比旋光度。

五、实验注意事项

(1) 合成 DL-对羟基苯甘氨酸时，氨基磺酸可稍过量，硫酸不宜多加。滴加乙醛酸时温度也不宜过高。

(2) 用 TLC 检测反应终点，主要是看苯酚是否反应完全。

(3) 拆分后的 D-对羟基苯甘氨酸甲酯酒石酸盐，水解时温度不能超过50 ℃，否则会影响产品的纯度和晶型。

(4) pH 调节至 6.6 时，是目标产物的等电点，此时溶解度最低，可得到较多的结晶。

六、扩展思考

(1) 比较对羟基苯甘氨酸的不同合成方法的优劣。

(2) 设计其他方法拆分 DL-对羟基苯甘氨酸。

(3) 如何评价产品的光学纯度?

七、参考文献

[1] 常宏宏. 制药工程专业实验. 北京: 化学工业出版社, 2014.

[2] 颜朝国. 新编大学化学实验(四)——综合与探究: 第二版. 北京: 化学工业出版社, 2016.

实验 3.7

壳聚糖的制备与表征

一、实验目的

（1）了解壳聚糖在各个领域的用途。

（2）熟练掌握由虾壳制取壳聚糖的实验方法。

（3）熟练掌握壳聚糖的表征方法，学会乌氏黏度计、元素分析仪、红外光谱仪等仪器的使用。

二、实验原理和方法

壳聚糖化学名为（1,4)-2-氨基-脱氧-β-D-葡萄糖，分子式为（$C_6H_{11}O_4N)_n$，又称可溶性甲壳素、甲壳胺、几丁聚糖等，是甲壳素脱乙酰的产物，也是迄今所发现的唯一天然碱性多糖。而甲壳素化学名为（1,4)-2-乙酰氨基-脱氧-β-D-葡萄糖，是一种天然生物高分子聚合物，广泛存在于蟹、虾和昆虫的外壳及藻类、菌类的细胞壁之中，是地球上最丰富的高分子化合物之一，其年生物合成量可达百亿吨之多，仅次于纤维素。壳聚糖/甲壳素具有独特优异的理化性质、生物相容性和生理活性，可用于工业、农业、食品、化妆品、污水处理、贵金属回收、医学、药学、纤维、功能膜材料等领域，有极其广阔的应用前景[1,2]。

在工农业生产和日常生活中，蟹壳、虾皮、贝壳等常作为垃圾而丢弃，不但造成了资源的极大浪费，还污染了环境。蟹壳、虾皮等中含有约 20%的甲壳素、45%的碳酸盐和磷酸盐、27%的粗蛋白和脂肪。本实验将蟹壳、虾皮等用稀盐酸多次浸泡使碳酸钙溶解，用 NaOH 溶液脱蛋白质和脂肪，再经脱色处理，即可制得白色片状或粉末状的甲壳素；再用一定浓度的 NaOH 溶液处理甲壳素，经脱乙酰化反应，在不同反应条件和处理方法下，可制得不同脱乙酰化度和分子量的壳聚糖。

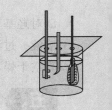

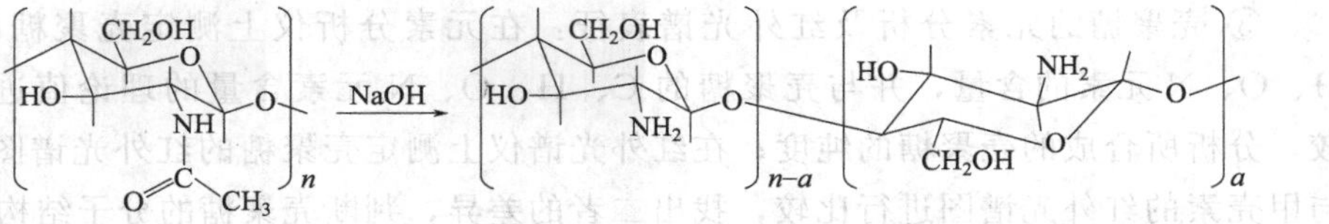

三、试剂、材料和仪器

（1）主要试剂

盐酸、氢氧化钠、丙酮、氯化钠、冰乙酸，均为分析纯。

（2）主要材料

蟹壳或虾壳。

（3）主要仪器

索氏提取器、微波炉、超声波清洗器、电子天平、乌氏黏度计、磁力搅拌器、红外光谱仪、元素分析仪。

四、实验内容

（1）甲壳素的制备[2]

将蟹壳或虾壳在 80 ℃、20%的 NaOH 溶液中处理 1 h 后，用自来水洗至中性。再用 1 mol/L 盐酸于 30 ℃下浸泡处理 1 h，用自来水洗至中性。反复上述操作三次。最后用丙酮作溶剂，在索氏提取器中脱色，即得白色片状的甲壳素。

（2）壳聚糖的制备

在氮气保护下，将自制的甲壳素在一定温度下及一定浓度的 NaOH 溶液中，采用常规方法[3]和微波[4]、超声[5]等不同现代工艺方法处理，进行脱乙酰化反应一段时间，冷却后倾出溶液，将固体用蒸馏水洗至弱碱性。重复上述操作两次。最后用丙酮作溶剂，在索氏提取器中脱色，即得白色片状的壳聚糖。计算产率。

（3）壳聚糖的表征

① 黏均分子量的测定：准确称取一定量的壳聚糖，溶于一定量的混合溶剂（含 0.1 mol/L NaCl 的 0.1 mol/L CH_3COOH 溶液）中。在 25 ℃的恒温水浴中分别测定混合溶剂和混合溶剂中加入不同量的壳聚糖后在乌氏黏度计中流出的时间。根据公式计算并做图，可求出壳聚糖的黏均分子量[6]。

② 线性电位滴定法测定脱乙酰化度和壳聚糖的含量：准确称取一定量的壳聚糖，溶于一定体积已标定的盐酸中，在磁力搅拌下用标准 NaOH 溶液滴定，每滴加 0.5 mL 的 NaOH 溶液测一次 pH 值，测 5～6 个点，然后用 A. Johnson 函数式计算并做图，即可求出脱乙酰化度和壳聚糖的含量。

③ 壳聚糖的元素分析及红外光谱表征：在元素分析仪上测定壳聚糖的 C、H、O、N 元素的含量，并与壳聚糖的 C、H、O、N 元素含量的理论值进行比较，分析所合成的壳聚糖的纯度；在红外光谱仪上测定壳聚糖的红外光谱图，并与甲壳素的红外光谱图进行比较，找出二者的差异，判断壳聚糖的分子结构。

④ 讨论不同脱乙酰化工艺对壳聚糖性能的影响：将前面采用常规方法和微波、超声等三种不同脱乙酰化工艺制备的壳聚糖按上述方法进行表征，对比不同脱乙酰化工艺的表征结果，分析不同脱乙酰化工艺对壳聚糖性能的影响。

五、实验注意事项

（1）实验前，蟹壳或虾壳的预处理非常重要，应先将蟹壳或虾壳充分洗涤和沥干，再通过微波干燥后将其破碎成小块。

（2）采用常规方法和微波、超声等不同现代工艺方法进行脱乙酰化反应时，应通过查阅文献，设计合理的实验方案，探索出合理的工艺条件。

六、扩展思考

（1）提取甲壳素时碱洗和酸洗的作用分别是什么？怎样判断碱洗和酸洗是否充分？

（2）不同脱乙酰化工艺的影响因素都有哪些？它们对壳聚糖产品的质量和性能的影响是什么？

（3）通过查阅文献，了解壳聚糖的发展历史、研究现状及其应用前景。

七、参考文献

［1］汪玉庭，刘玉红，张淑琴．功能高分子学报，2002，15（1）：107-114.
［2］颜朝国．新编大学化学实验（四）——综合与探究：第二版．北京：化学工业出版社，2016.
［3］王军，周本权，杨许召，等．日用化学工业，2010，40（2）：124-128.
［4］张洁，史劲松，孙达峰，等．中国野生植物资源，2011，30（6）：38-43.
［5］张翠荣，贾振宇，谢华飞．化工进展，2011，30（9）：2021-2025.
［6］林春梅．山东农业科学，2011（7）：105-106.

实验 3.8

氧化石墨烯的制备及表征

一、实验目的

（1）了解氧化石墨烯、还原的氧化石墨烯等二维纳米碳材料的基本概念和性质。

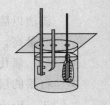

（2）了解氧化石墨烯、还原的氧化石墨烯的制备和表征方法。

二、实验原理和方法

石墨烯是碳原子紧密堆积成单层二维蜂窝状晶格结构的一种碳质新材料，它是三维石墨中的二维片层[1]。在石墨烯中，π电子相互连接在同平面碳原子层的上下，形成大π键。这种离域π电子在碳网平面内可以自由流动，类似自由电子，因此在石墨烯面内具有类似于金属的导电性和导热性[2]。

当石墨层少于10层时，就会表现出较普通三维石墨不同的电子结构。一般将10层以下的石墨材料统称为石墨烯材料。石墨烯材料的理论比表面积高达2600 m^2/g，具有突出的导热性能、力学性能以及室温下高速的电子迁移率。尽管石墨烯是已知材料中最薄的一种，硬度却非常大，比钻石还强硬，其强度比世界上最好的钢铁还高100倍。石墨烯特殊的结构使其具有完美的量子隧道效应、半整数的量子霍尔效应、从不消失的电导率等一系列性质。由于具有上述优异的性能，石墨烯在许多领域具有广阔的应用前景。例如，石墨烯可用于制造化学生物传感器、光催化剂、储氢材料、透明导电电极、光电器件、集成电路、晶体管、超级电容器等。石墨烯材料已经引起科学界的广泛关注，迅速成为材料科学领域最为活跃的研究前沿。

石墨烯的制备方法有微机械分离法、外延生长法、化学气相沉积法、石墨液相剥落法、化学合成-自下而上合成法、氧化石墨烯还原法等。其中氧化石墨烯还原法制备石墨烯以其简单易行的工艺成为实验室制备石墨烯最常用的方法[3]。

该法以廉价的石墨作为原料，制备的石墨烯为独立的单层石墨烯片，操作简便、产量高，最有可能实现石墨烯的规模化制备。

氧化石墨拥有大量的羟基、羧基等基团，是一种亲水性物质。其层间距也较石墨的层间距大，层间相互作用较小。石墨的常用氧化方法主要有 Standenmaier 法、Brodie 法和 Hummers 法。其中 Hummers 法[4]具有反应简单、反应时间短，安全性较高、对环境的污染较小等优点而成为目前普遍使用的方法之一。

氧化石墨经过适当的超声波振荡处理后极易在水或有机溶剂中分散成均匀的单层氧化石墨烯溶液[5]。氧化石墨烯可以通过热还原、溶剂热还原、还原剂还原、光化学还原和微波溶剂热还原等方法来还原，从而对 sp^2 键接的石墨烯网结构进行修复，就能够制备石墨烯材料。

本实验采用 Hummers 法来制备氧化石墨，经超声波振荡后，通过还原剂（如硼氢化钠、水合肼等）还原来制备还原的氧化石墨烯[6]。

三、试剂和仪器

（1）主要试剂

石墨、浓硫酸、高锰酸钾、硼氢化钠。

（2）主要仪器

电子天平、超声波振荡器、紫外光谱仪、红外光谱仪、X 射线衍射仪、扫描（或透射）电子显微镜。

四、建议实验路线

（1）氧化石墨烯和还原的氧化石墨烯的制备

建议合成路线如下：

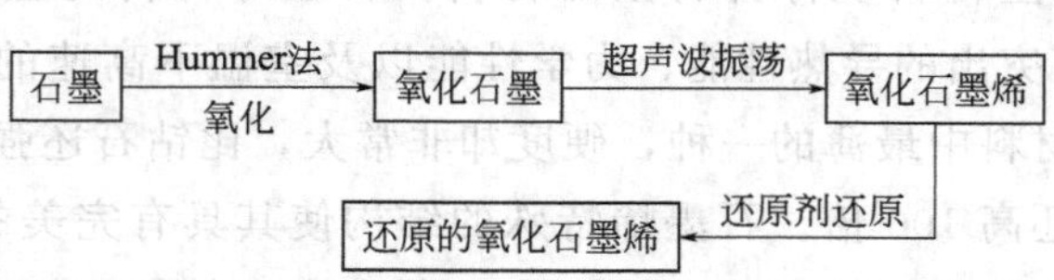

（2）氧化石墨烯和还原的氧化石墨烯的表征

采用紫外光谱仪、红外光谱仪和 X 射线衍射仪对氧化石墨烯和还原的氧化石墨烯的结构进行表征，采用扫描（或透射）电子显微镜对氧化石墨烯和还原的氧化石墨烯的形貌进行表征。

五、实验注意事项

（1）实验前，结合建议合成路线，通过查阅文献，设计合理的合成实验方案，并探索出各步骤的优化条件。

（2）制备氧化石墨烯时，需经历低温、中温、高温三个反应阶段，温度的掌控非常重要。

（3）查阅文献，了解结构和形貌表征仪器的操作方法。

六、扩展思考

（1）通过查阅文献，了解石墨烯材料的发展、性质、制备及应用。

（2）氧化石墨超声制得氧化石墨烯的原理是什么？

七、参考文献

[1] Rao C N R，Sood A K，Subrahmanyam K S，et al. Angewandte Chemie International Edition，2009，48（42）：7752-7777.

[2] 颜朝国．新编大学化学实验（四）——综合与探究：第二版．北京：化学工业出版社，2016.

[3] Pei S，Cheng H M. Carbon，2012，50（9）：3210-3228.

[4] Cao N，Zhang Y. Journal of Nanomaterials，2015，2015：2.

[5] Esmaeili A，Entezari M H. Journal of Colloid and Interface Science，2014，432：19-25.

[6] 肖淑华，沈明，朱沛英，等．材料开发与应用，2011，26（2）：45-50.

实验 3.9

月桂酸二乙醇酰胺的合成及应用

一、实验目的

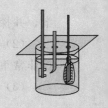

（1）掌握非离子表面活性剂月桂酸二乙醇酰胺的合成原理及方法。

（2）了解表面活性剂的性能测试方法。

（3）了解液体洗发香波中各组分的作用、配方原则及配制工艺。

（4）了解罗氏泡沫仪测定表面活性剂泡沫性能的原理和操作方法。

二、实验原理和方法

烷醇酰胺是一类特殊的非离子表面活性剂，没有浊点，透明度好，具有增泡、稳泡、增稠、去污、渗透等多种性能，特别与阴离子表面活性剂复配可产生良好的协同效应。

月桂酸二乙醇酰胺［化学名 *N*,*N*-二(2-羟乙基)十二烷基酰胺］是烷醇酰胺类表面活性剂的代表产品，外观为白色至淡黄色固体，难溶于水，溶于一般的有机溶剂。具有良好的起泡性、稳定性、增稠性、渗透性、防锈性和洗涤性，复配性好。常用于香波、轻垢洗涤剂和液体皂中作泡沫稳定剂和黏度改进剂，也用作洗涤剂、增稠剂、稳泡剂、缓蚀剂和铜铁的防锈剂。

月桂酸二乙醇酰胺主要有两种合成方法：一是使用脂肪酸甲酯和二乙醇胺在碱性条件下反应；二是脂肪酸与二乙醇胺共热发生酰胺化反应。本实验采用第二种方法，以月桂酸和二乙醇胺为原料共热，得到的产品活性物含量在60%左右，且有较好的水溶性。反应式如下：

$$C_{11}H_{23}COOH + HN(CH_2CH_2OH)_2 \longrightarrow C_{11}H_{23}CON(CH_2CH_2OH)_2 + H_2O$$

洗发香波是一种以表面活性剂为主的多功能加香产品。其中常用的表面活性剂有脂肪醇硫酸盐和脂肪醇聚氧乙烯醚硫酸盐等，它们能提供良好的去污力和丰富的泡沫；而辅助表面活性剂（如烷基磺酸盐、烷醇酰胺、咪唑啉两性表面活性剂等）能增强表面活性剂的去污力和稳泡作用，改善香波的洗涤性能和调理功能。为使香波具有某种理化特性和特殊效果，通常还要添加各种添加剂，主要有稳泡剂、增稠剂、稀释剂、螯合剂、澄清剂、赋脂剂等。

本实验采用十二醇硫酸钠和月桂酸二乙醇酰胺两种表面活性剂复配，辅助其他成分，配制一种液体洗发香波。

罗氏泡沫仪是溶液降落法测定肥皂、合成洗衣粉、洗衣皂粉、洗发香波、洗洁精、洗手液等洗涤剂的泡沫活动数值的仪器。溶液自一定垂直位置向下降落，在刻度管中央发生泡沫活动，测量其高度，测定其泡沫活动数值。

三、试剂和仪器

（1）主要试剂

月桂酸、二乙醇胺、氢氧化钠、乙醇（95%）、环己烷、十二烷基聚氧乙烯醚硫酸钠、十二醇硫酸钠、乙二醇单硬脂酸酯、甘油、羊毛脂衍生物、香精、柠檬酸、氯化钠。

（2）主要仪器

三口烧瓶（250 mL）、油浴控温装置、圆底烧瓶（200 mL）、温度计、冷凝管、电动搅拌器、具塞试管、水浴锅、超级恒温水浴、罗氏泡沫仪。

四、实验内容

（1）月桂酸二乙醇酰胺的制备

将一定量的月桂酸加入三口烧瓶中，在氮气保护下开启电动搅拌器，使用油浴控温装置加热，熔化后加入两倍于月桂酸的量的二乙醇胺，并加入用量为0.5%的氢氧化钠作为催化剂，保持反应温度为 150 ℃，反应 4 h。

（2）乳化性能测试

称取制得的月桂酸二乙醇酰胺样品 2.5 g，用 95%的乙醇配成溶液。量取 5 mL水和 2 mL 环己烷于具塞试管中，振荡 10 次，加入上述月桂酸二乙醇酰胺的乙醇溶液 0.1 mL，先变浑浊，后分相，记录分相时间。

（3）液体洗发香波的配制

配方：十二烷基聚氧乙烯醚硫酸钠（12.0%，质量分数，下同），十二醇硫酸钠（7.0%），甘油（5.0%），月桂酸二乙醇酰胺（3.0%），乙二醇单硬脂酸酯（4.0%），羊毛脂衍生物（2.0%），氯化钠（适量），柠檬酸（适量），香精（少量），去离子水（加至100%）。

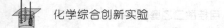

配制方法：将去离子水称量后加到350 mL烧杯中，放入水浴锅加热至60 ℃，加入乙二醇单硬脂酸酯并搅拌加热使之溶解；依次加入十二烷基聚氧乙烯醚硫酸钠、十二醇硫酸钠、甘油等水相原料，待溶解后降温至40 ℃以下，再加入羊毛脂衍生物、香精等，搅拌混合均匀即成。用柠檬酸调节pH至5.5～7.0，接近室温时加入氯化钠调节所需黏度。

（4）泡沫性能测试

采用罗氏泡沫仪测定表面活性剂的泡沫性能。

操作步骤如下：

① 恒温。安装好仪器后，打开超级恒温水浴，在仪器夹套中通入(40±0.1) ℃恒温水，保持恒温。

② 配制溶液，并保持恒温。取250 mL容量瓶，用制备的产品配制成0.1 mol/L的溶液，放入恒温槽内恒温。

③ 装液。沿滴液管内壁缓慢加入待测溶液至50 mL刻度处，并将吸满待测溶液的泡沫移液管垂直夹牢，使其下端与滴液管上的刻度线相齐。

④ 测试。打开泡沫移液管的旋塞使溶液全部流下，待溶液流至250 mL处，记录一次泡沫高度（h_0），5 min后再记录一次泡沫高度（h_1）。测量3次，取其平均值。泡沫数值以泡沫高度表示，h_0越大，发泡性能越好；h_1越大，则稳泡性能越好。

五、实验注意事项

（1）罗氏泡沫仪使用前，用蒸馏水冲洗刻度管内壁，冲洗必须完全，然后用试液冲洗管壁，也必须冲洗完全。

（2）洗发香波配制时应注意，用柠檬酸调节pH时，柠檬酸需配成50%的溶液；用氯化钠调节黏度时，将氯化钠配成20%的溶液。

六、扩展思考

（1）通过查阅文献，了解月桂酸二乙醇酰胺的主要用途有哪些？它还可以采用什么方法制备？

（2）配制洗发香波的主要原料有哪些？它们分别起什么作用？

（3）为什么必须控制洗发香波的pH？

七、参考文献

[1] 陈凌霞．化学专业综合实验．北京：化学工业出版社，2017.

[2] 朱凯，朱新宝．精细化工实验．北京：中国林业出版社，2012.

实验 3.10

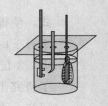

7-二乙氨基-2-乙酰基香豆素的微波合成及其光谱性能研究

一、实验目的

（1）了解并掌握 7-二乙氨基-2-乙酰基香豆素的微波合成的原理和方法。

（2）巩固混合溶剂重结晶、薄层色谱（TLC）等实验操作。

（3）了解微波合成技术在有机合成上的应用及其特点。

（4）了解并掌握溶剂对化合物光谱性能影响的原理。

二、实验原理和方法

微波技术在通信、食品加工等领域中应用已有很长的历史。自 1986 年 Gedye 等首次用微波合成有机化合物获得成功后，在几十年间，微波合成技术得到迅猛发展。传统的香豆素类荧光化合物的合成存在反应时间长、副反应多等缺点。而采用微波辐射技术合成 7-二乙氨基-2-乙酰基香豆素具有反应时间短、收率高、副反应少、操作简单、环境友好等优点[1]。

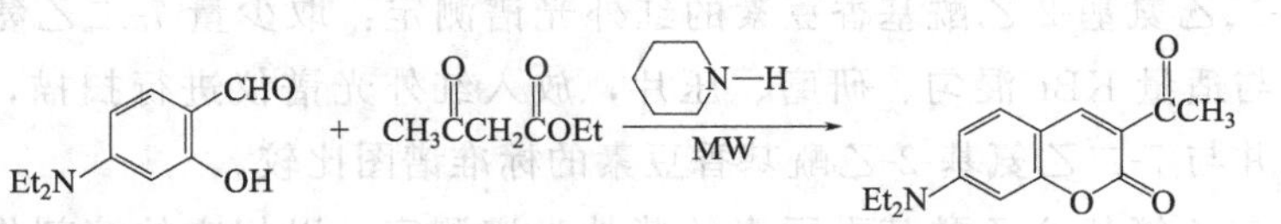

香豆素类化合物具有光稳定性好、荧光量子产率高、Stocks 位移大等优点，可广泛用作荧光染料、激光染料、新型光电材料，近年来在荧光探针的研究方面也备受人们关注。香豆素衍生物作为一种分子内共轭的电荷转移化合物，其 7-位取代基的推电子能力以及 3,4-位双键的电荷密度与化合物发光能力有密切关系。从分子结构可以看出，香豆素类化合物实质上是一类肉桂酸内酯，双键固定为反式，使得双键的旋转受阻，从而可以提高其光稳定性。7-二乙氨基-2-乙酰基香豆素分子内7-位处连有推电子的二乙氨基后，可以提高化合物的分子内电荷转移能力，3-位处的乙酰基使得3,4-位双键电荷密度降低也有利于分子的极化。人们除了研究化合物结构对发光行为的影响外，还会对一系列环境效应如溶剂效应进行研究。不同极性的溶剂对化合物的基态和激发态有着不同的作用能力，化合物在不同溶剂中的最大吸收和最大发射波长就会有所不同，即会产生溶致变色效应。溶剂效应的研究不仅在方法上简单易行，而且还能提供许多重要的结构信息及溶剂和化合物分子间相互作用的信息。因此，厘清溶剂对香豆素类化合物光物理行为的影响，对更好地利用这一类激光染料及荧光探针物质具有重要意义。

三、试剂和仪器

（1）主要试剂

4-*N*,*N*-二乙氨基水杨醛、乙酰乙酸乙酯、六氢吡啶、无水乙醇、乙腈、二氯甲烷、正己烷、丙酮、四氢呋喃、甲醇，均为分析纯。

（2）主要仪器

有机合成制备仪、微波炉、容量瓶。

四、实验内容

（1）7-二乙氨基-2-乙酰基香豆素的微波合成

在100 mL圆底烧瓶中依次加入2.09 g的4-*N*,*N*-二乙氨基水杨醛、1.43 g乙酰乙酸乙酯、0.02 g六氢吡啶、15 mL无水乙醇，摇匀后放入微波炉，装上回流装置，在氮气保护下反应，300 W微波功率下辐射3 min，TLC跟踪测试反应终点。冷却，抽滤得黄色粉末，再用乙醇/乙腈（体积比为1∶1）重结晶，得到金黄色7-二乙氨基-2-乙酰基香豆素晶体，产率约74%，熔点为152～153 ℃。

（2）7-二乙氨基-2-乙酰基香豆素的光谱性能测试[2]

① 7-二乙氨基-2-乙酰基香豆素的红外光谱测定：取少量7-二乙氨基-2-乙酰基香豆素与适量KBr混匀、研磨、压片，放入红外光谱仪进行扫描，得到红外光谱图，并与7-二乙氨基-2-乙酰基香豆素的标准谱图比较。

② 7-二乙氨基-2-乙酰基香豆素的紫外光谱测定：以相应的溶剂作为参比溶液，分别考察7-二乙氨基-2-乙酰基香豆素在正己烷、丙酮、四氢呋喃、甲醇等溶剂中的紫外光谱，并确定7-二乙氨基-2-乙酰基香豆素在不同溶剂中的最大紫外吸收波长。

③ 7-二乙氨基-2-乙酰基香豆素的荧光光谱测定：利用不同溶剂中紫外光谱的最大紫外吸收波长作为荧光光谱的激发波长，考察7-二乙氨基-2-乙酰基香豆

素在正己烷、丙酮、四氢呋喃、甲醇等溶剂中的荧光光谱。

五、实验注意事项

（1）微波合成反应中，微波功率应保持在 300 W。这是因为功率太小，反应不完全，收率低；功率太大，则反应太激烈，副反应增加，也会造成收率降低。

（2）微波辐射时间只需 3 min 即可，延长微波辐射时间收率反而下降。这是因为微波辐射时间过长，易发生副反应或炭化。

（3）进行 7-二乙氨基-2-乙酰基香豆素的紫外光谱和荧光光谱测定时，先将 7-二乙氨基-2-乙酰基香豆素配成其二氯甲烷溶液，然后考察 7-二乙氨基-2-乙酰基香豆素在正己烷、丙酮、四氢呋喃、甲醇等溶剂中的紫外光谱和荧光光谱。此处原 7-二乙氨基-2-乙酰基香豆素的二氯甲烷溶液中的溶剂二氯甲烷必须先吹干，再分别用正己烷、丙酮、四氢呋喃、甲醇等溶剂溶解和定容，否则会影响溶剂的极性。

（4）测定 7-二乙氨基-2-乙酰基香豆素的荧光光谱时，利用不同溶剂中紫外光谱的最大吸收波长作为荧光光谱的激发波长。

六、扩展思考

（1）设计合成下列化合物：3-氰基香豆素、7-二乙氨基-3-氰基香豆素、7-二乙氨基-2-溴甲基香豆素、7-二乙氨基-3-(4-溴苯基）香豆素。

（2）判断所得到的红外光谱各个吸收峰所对应的官能团。

（3）解释在不同的极性溶剂中，7-二乙氨基-2-乙酰基香豆素的最大吸收波长、最大发射波长、荧光强度的变化规律。

七、参考文献

[1]　徐群，魏静，马文辉．染料与染色，2007，44（3）：20-23.
[2]　颜朝国．新编大学化学实验（四）—综合与探究：第二版．北京：化学工业出版社，2016.

实验 3.11

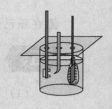

苯并咪唑类卡宾的合成及其在苯偶酰合成中的催化应用

一、实验目的

（1）学习有机小分子催化有机反应的原理和操作。

（2）学习咪唑类卡宾的制备方法。

（3）学习苯偶酰的合成方法。

二、实验原理和方法

卡宾在有机反应中是一类较活泼、易参与反应的化合物。*N*-杂环卡宾（NHC）和一般类型的卡宾结构特点相似，也是一种电中性的化合物，其中的卡宾碳原子是二价的，其最外层具有六个电子。由于 NHC 性质比较独特，一直是化学家们研究的热点。早在 1968 年 Öfele 和 Wanzlick 等人就成功合成了 NHC 的金属配合物。后来科学家们又发现 NHC 的性质和富电子的膦配体比较相似，也是优良的给电子体，能与金属形成反馈键。据文献报道[1]，由它们形成的金属配合物甚至比膦配体的金属配合物具有更好的催化性能。另外，NHC 配体还具有成本低、制备简单、毒性小、稳定性高等优点，在一定程度上甚至可以取代叔膦配体，被称为“仿膦配体”而广泛应用于均相催化反应中。而把 NHC 作为有机小分子催化剂来催化有机反应的研究近年来才称为有机化学家们所关注和研究的热点。自从人们认识到天然噻唑盐辅酶维生素 B_1 参与的众多酶催化反应是由亲核性卡宾催化来实现的之后，化学家们已成功合成了一系列酶拟合物——卡宾前体盐。1991 年 Arduengo 等首次成功分离得到了第一个稳定的 NHC，咪唑-2-碳烯[2]，推动了 NHC 化学的迅速发展。NHC 已不再只是作为金属的配体而受到青睐，它将成为优良催化剂在诸多有机小分子催化的反应中扮演着越来越重要的角色，其独特的催化性能也为人们寻找新型的性能良好的催化剂开辟了崭新视野。

苯偶酰又称二苯基乙二酮，是有机合成、药物合成的重要原料，如抗癫痫病药物苯妥英钠的前体二苯基乙内酰脲就是以苯偶酰为原料合成得到的。

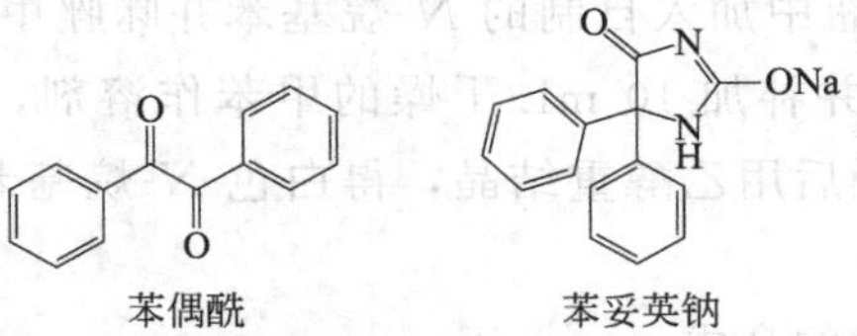

本实验采用“一锅煮”方法[3]一步合成苯偶酰化合物。主要反应式如下：

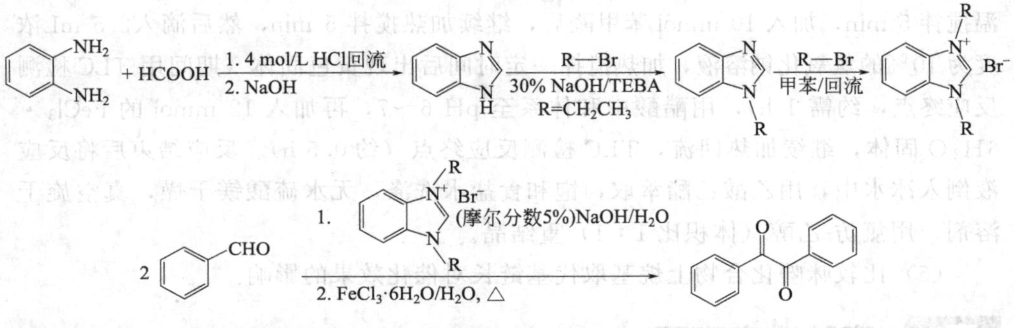

三、试剂和仪器

（1）主要试剂

邻苯二胺、甲酸、氢氧化钠、盐酸、溴乙烷、溴戊烷、三乙基苄基氯化铵（TEBAC）、无水乙醇、冰醋酸、苯甲醛、六水合三氯化铁、乙酸乙酯、氯化钠、硫酸镁、氯仿。

（2）主要仪器

有机合成制备仪。

四、实验内容

（1）苯并咪唑的合成

在 50 mL 圆底烧瓶中加入 2.16 g 邻苯二胺和 2 g 甲酸，加入 20 mL 浓度为 4 mol/L的盐酸，加热回流 2 h，冷却后用氢氧化钠溶液中和至中性，抽滤、干燥后用乙醇重结晶，得白色苯并咪唑晶体，产率约 64%。

（2）*N*-烷基苯并咪唑的制备

在 50 mL 圆底烧瓶中加入 3.54 g 苯并咪唑、0.2 g TEBAC 和 20 mL 浓度为 30% 的氢氧化钠溶液，先微热使固体溶解，再在强烈搅拌下滴入 1 mL 溴乙烷（或溴戊烷)，控制反应温度不超过 70 ℃，反应 2 h。冷却，分出有机层，水层用甲苯萃取两次，合并有机层，用无水硫酸镁干燥，过滤，滤液不经处理直接用作下步反应原料。

(3) *N*-烷基苯并咪唑溴盐的制备

在 50 mL 圆底烧瓶中加入自制的 *N*-烷基苯并咪唑甲苯溶液，再加入 1 mL 溴乙烷（或溴戊烷），并补加 10 mL 干燥的甲苯作溶剂，加热回流 4 h。冷却，析出固体，抽滤、干燥后用乙醇重结晶，得白色 *N*-烷基苯并咪唑溴盐晶体，产率约 62%～69%。

(4) 苯偶酰化合物的合成

在 50 mL 圆底烧瓶中加入 0.5 mmol 的 *N*-烷基苯并咪唑溴盐和 10 mL 水，常温搅拌 5 min，加入 10 mmol 苯甲醛后，继续加热搅拌 5 min，然后滴入2.5 mL浓度为 10%的氢氧化钠溶液，加热搅拌一定时间后出现黄色固体（期间用 TLC 检测反应终点，约需 1 h)，用醋酸中和体系至 pH 6～7，再加入 12 mmol 的 $FeCl_3 \cdot 6H_2O$ 固体，继续加热回流，TLC 检测反应终点（约 0.5 h)。反应结束后将反应液倒入冰水中，用乙酸乙酯萃取，饱和食盐水洗涤，无水硫酸镁干燥，真空旋干溶剂，用氯仿-乙醇（体积比 1∶1）重结晶。

(5) 比较咪唑化合物上烷基取代基链长对催化效果的影响。

五、实验注意事项

制备 *N*-烷基苯并咪唑溴盐时应剧烈回流 4 h，如果温度不够，则不容易生成产物。

六、扩展思考

(1) 请写出咪唑卡宾的分子结构。

(2) 该反应中氯化铁起什么作用？是否有别的化合物能起到相似的作用？

七、参考文献

[1] Herrmann W A. Angewandte Chemie International Edition，2002，41（8）：1290-1309.

[2] Arduengo Ⅲ A J，Harlow R L，Kline M. Journal of the American Chemical Society，1991，113（1）：361-363.

[3] Jing X，Pan X，Li Z，et al. Synthetic Communications，2009，39（3）：492-496.

实验 3.12

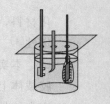

负载型杂多酸催化剂的制备及催化酯化反应性能

一、实验目的

杂多酸催化剂具有像沸石一样的笼形结构，且体相内各杂多酸阴离子之间有一定的间隙，可以让某些极性分子自由出入，因而杂多酸催化的反应可以由表面扩展到体相内面进行。由于增大了接触面积，催化效率增加，反应活化能降低，使杂多酸成为一种理想的低温高效催化剂。通过本实验，使学生熟悉溶胶-凝胶法制备负载型杂多酸催化剂的基本操作，掌握制备负载型杂多酸催化剂的条件和方法，了解酯/水的摩尔比、醇的用量、杂多酸的用量和活化时间等条件对催化剂催化性能的影响。

二、实验原理和方法

杂多酸催化剂是指一类由 P、Si、Ge 等中心原子和 Mo、W、V 等配位原子以一定结构通过氧原子配位桥联而成的含氧多元酸的总称，它是一种质子酸，具有像沸石一样的笼形结构，且体相内各杂多酸阴离子之间有一定的间隙，可以让某些极性分子自由出入，因而杂多酸催化的反应可以由表面扩展到体相内进行，这样就增大了接触面积，使得催化效率增加，反应活化能降低，所以杂多酸是一种理想的低温高效催化剂。但是，由于杂多酸易溶于含氧有机物，作为酯化反应的催化剂其回收比较困难，因而一般将其制成负载型杂多酸催化剂[1]。

可用作负载杂多酸的载体主要有活性炭、二氧化硅、三氧化二铝、二氧化钛、分子筛、膨润土和离子交换树脂等；负载型杂多酸的制备方法主要有浸渍法、吸附法、溶胶-凝胶法等[2,3]。由于溶胶-凝胶法制备的催化材料易形成无定形或介态的氧化物相，可达到分子级混合，得到活性中心均一的、高度分散的催化材料，从而保证其活性组分有效嵌入网状结构中，有利于提高催化剂的稳定性[4]。

本实验以二氧化硅作为载体，采用溶胶-凝胶法将磷钨酸负载到二氧化硅凝胶载体上制备得到负载型杂多酸催化剂，并考察该催化剂在催化合成乙酸乙酯反应中的催化性能。

三、试剂和仪器

(1) 主要试剂

正硅酸乙酯、丁醇、盐酸、磷钨酸、乙酸、乙醇、氢氧化钠，均为分析纯。

(2) 主要仪器

电子天平、恒温烘箱、三口烧瓶（100 mL、50 mL各一个）、冷凝管、搅拌器、量筒、烧杯。

四、实验内容

(1) 催化剂的制备

取一定量的正硅酸乙酯、丁醇、水和盐酸（浓度为0.04 mol/L）加入烧杯中，搅拌。形成硅胶后，再加入一定量的磷钨酸水溶液，搅拌。形成凝胶后，老化，然后放入烘箱中，调节温度至100 ℃，干燥、活化一定时间，即得。

按以上实验步骤，改变下列实验参数，制备一系列催化剂：

① 正硅酸乙酯/水的摩尔比；

② 丁醇的用量；

③ 磷钨酸的用量；

④ 活化时间。

其中实验参数①～③采用正交实验法，设计正交实验表进行实验。

(2) 催化剂催化酯化反应性能的考察

以乙醇和乙酸酯化反应为探针，考察催化剂催化酯化反应的性能。具体步骤如下：

① 确定酯化反应的条件（建议乙醇和乙酸的摩尔比为1.37∶1；回流时间为70 min；催化剂用量以含磷钨酸0.15 g为准）；

② 分别采用上面不同条件下制备的催化剂对酯化反应进行催化，然后计算各反应的产率（采用酸碱滴定法，根据反应前后反应体系的酸值变化来计算）。并绘制出正硅酸乙酯/水的摩尔比、丁醇的用量、磷钨酸的用量及催化剂活化时间与乙酸乙酯产率之间的关系曲线，得出乙酸乙酯产率最大的催化剂的实验室制备条件。

五、实验注意事项

杂多酸催化剂的制备过程中，一定要充分搅拌使形成的凝胶均匀，才能保证催化剂催化性能稳定。

六、扩展思考

（1）请推导出酸碱滴定法计算乙酸乙酯产率的公式，并请思考还可以采用其他什么方法来测定乙酸乙酯的产率？

（2）通过查阅文献，阐述负载型杂多酸的各种常用制备方法的优缺点。

（3）请对近年来国内外有关杂多酸催化剂在催化酯化反应中的研究现状、研究进展和未来的发展方向进行简单介绍。

七、参考文献

[1] 李金磊，胡兵．工业催化，2012，20（1）：1-6.

[2] 周华锋，张丽清，李文泽．化学研究与应用，2014，26（1）：125-129.

[3] 张富民，袁超树，任晓乾，等．化工学报，2006，57（4）：762-768.

[4] 韩文爱．杂多酸催化合成乙酸乙酯的研究［D］．北京：北京化工大学，2004.

第四单元

配位化学

实验 4.1

单晶的制备及结构表征

一、实验目的

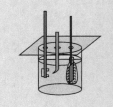

随着X射线单晶衍射技术的发展，使得我们能够从分子水平上了解宏观物质的微观结构。本实验主要是为了提高本科教学质量，开拓学生对宏观和微观物质结构的了解，学习现代结构表征和分析方法，掌握单晶的制备方法，加强学生的动手能力和结构分析能力。

二、实验原理和方法

（1）原理

物质的微观结构决定了物质的宏观物理化学性质和性能，而物理化学性质和性能又反映了物质的结构。因此，分析物质微观结构对了解宏观物质物理化学性质具有重要的意义。X射线是伦琴首次发现的，其波长刚好与晶体分子间的原子间距相近（$\lambda=50\sim300\text{pm}$）[1,2]。对X射线衍射研究具有杰出贡献的另外两位科学家是德国科学家劳埃（Max von Laue）和布拉格（W. L. Bragg），他们分别提出了计算衍射条件的公式，即劳埃方程和布拉格方程（如图4-1-1所示）[3,4]。入射X射线由于晶体三维点阵引起的干涉效应，形成数目甚多、波长不变、在空间具有特定方向的衍射，根据这些衍射的方向和强度，并根据晶体学理论推导出晶体中原子的排列情况，从而实现物质微观结构的测定[1]。最后，通过分析微观物质的结构特点，从本质上解释物质的宏观物理化学性质。

其中，布拉格方程为：

$$n\lambda=2d_{hkl}\sin\theta$$

式中，d 为晶面（hkl）间距，θ 为衍射角（布拉格角），n 为衍射级数，λ 为X射线波长。布拉格方程和劳埃方程实际上是等效的。对于每一套指标为 hkl、间

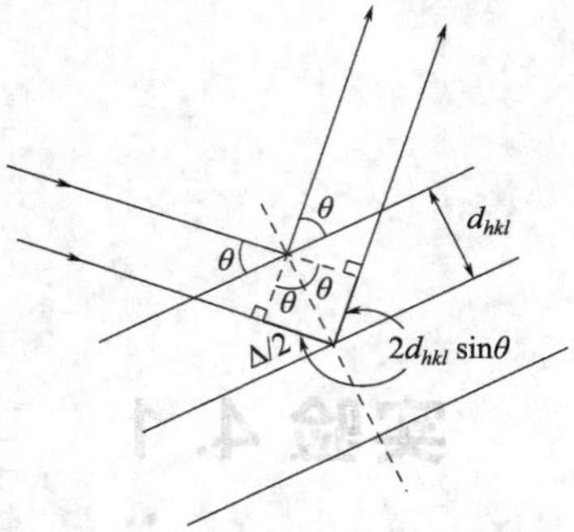

图 4-1-1　布拉格方程示意图

隔为 d 的晶格平面，其衍射角与衍射级数 n 直接对应。

（2）方法

X 射线单晶衍射测定物质结构的首要条件是物质必须是单晶，因此首先要制备合适测定的单晶。制备单晶的方法有溶剂挥发法、水热法、溶剂热法、扩散法、微波辅助法等，本实验采用水热法。

得到的单晶用 X 射线单晶衍射仪进行晶胞的测定和结构的测定；然后通过结构解析软件，解析出结构，得出晶体的键长键角等参数；最后对解析的结构进行分析，分析分子内的相互作用（氢键、π-π 相互作用等），并且分析拓扑以及堆积方式。

三、试剂、材料和仪器

（1）主要试剂

$Zn(NO_3)_2$、对苯二甲酸、L 配体［L＝N^1,N^3-二（吡啶-3-基）间苯二甲酰胺，见图 4-1-2］、去离子水。

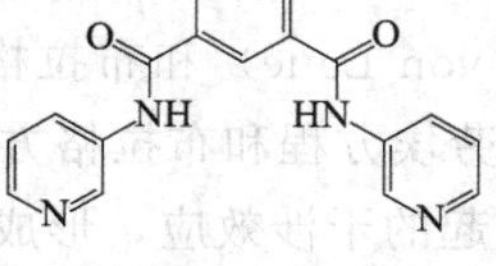

图 4-1-2　L 配体的结构示意图

（2）主要材料

玻璃丝、AB 胶、针灸银针、石蜡、载玻片、称量纸、称量勺。

（3）主要仪器

10 mL 的量筒、25 mL 的玻璃杯、X 射线单晶衍射仪、聚四氟乙烯不锈钢反应釜、高精密控温马弗炉、光学显微镜、分析天平、离心管。

四、实验内容

（1）单晶的合成

称取 0.2 mmol $Zn(NO_3)_2$，0.2 mmol 配体，0.2 mmol 对苯二甲酸于25 mL 的聚四氟乙烯反应釜中，再加入 8 mL 去离子水，用不锈钢外套密封，将密封好的聚四氟乙烯不锈钢反应釜放置于马弗炉中，160 ℃反应三天，然后 3℃/h 降温到室温，无色的单晶制备完毕[5]。

（2）单晶的挑选

将制备的晶体挑起一勺到载玻片上，在显微镜下用银针挑选出一颗形状规则，无色透明的单晶。

（3）单晶结构的测定

将挑选出来的单晶用 AB 胶粘在玻璃丝的顶端（如图 4-1-3 所示），将粘好的晶体固定到 X 射线单晶衍射仪上进行结构的测定，测定方法按实验室操作规程操作。

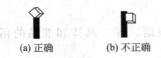

(a) 正确　　(b) 不正确

图 4-1-3　晶体粘接位置示意图

（4）结构的解析

将测定的 *hkl* 和 p4p 文件加载到晶体解析软件（SHELXTL）中，对结构进行精修，然后结合元素分析和热重分析结果确定物质的具体结构。

（5）结构的分析

根据软件解析结果，分析该配合物的结构，包括配合物的空间群、维数、中心金属离子的配位构型、键长键角、拓扑结构、弱的分子内和分子间的相互作用，绘制出配合物的结构特点图。

五、实验注意事项

（1）实验中要用到的实验器皿都必须洗涤干净，否则会对实验结果产生影响。

（2）单晶 X 射线衍射测定结构时要注意按实验规程来操作，否则会产生 X 射线泄漏，对人体产生影响。

（3）保持实验室的清洁和卫生，实验试剂用完放回原处。

六、扩展思考

（1）劳埃公式和布拉格公式有什么不同和共同点，意义是否相同？

（2）如果改变金属盐的种类，制备的配合物结构是否相同？

（3）温度、反应物的摩尔比、溶剂种类是否会对配合物的结构有影响？可进行试探实验。

（4）X 射线单晶衍射的优缺点有哪些？

（5）本实验可进行自我探索，根据不同的反应原料制备不同的配合物，得到单晶并进行结构的测定，了解物质的微观结构。

（6）X 射线单晶衍射是统计学数据的结果，得到的是一段时间内的综合结构信息，对此要想得到瞬时结构信息应该采用什么方法？

七、参考文献

［1］ 陈小明，蔡继文．单晶结构分析的原理与实践：第二版．北京：科学出版社，2007.

［2］ 周公度，郭可信，李根培，等．晶体和准晶的衍射：第二版．北京：北京大学出版社，2013.

［3］ Freidrich W，Knipping P，Laue M. The Proceedings（Sitzungsberichte）of the Academy，1912：303-322.

［4］ Bragg W. Proceedings of the Royal Society of London A，1913，88：428-438.

［5］ Sun G，Song Y，Liu Y，et al. Crystengcomm，2012，14（18）：5714-5716.

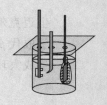

实验 4.2

大环金属配合物 [$Ni(14)4,11$-二烯-N_4] I_2 的制备、表征及特性

一、实验目的

很多大环金属配合物不仅是优良的功能材料，还可提供生物机能的有关信息。大环金属配合物的研究，也使新兴学科——超分子化学得到了长足的发展。本实验通过大环金属配合物 [Ni(14)4,11-二烯-N_4]I_2 的制备，使学生了解大环金属配合物的合成特点，学会配合物组成分析、导电率、红外光谱、紫外可见光谱、核磁共振以及磁化率等手段在配合物结构分析表征中的应用，并通过表征结果了解大环金属配合物的特性。

二、实验原理和方法

镍的大环配合物 5,7,7,12,14,14-六甲基-1,4,8,11-四氮环 14-4,11-二烯合镍碘化物，简写为 [Ni(14)4,11-二烯-N_4]I_2，其结构为：

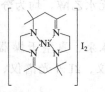

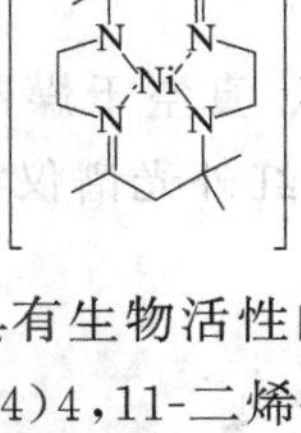

[Ni(14)4,11-二烯-N_4]I_2 与具有生物活性的配体有相似的结构，因而常作为模型化合物来研究。此外，[Ni(14)4,11-二烯-N_4]I_2 的大环作用十分重要，因为它为大环化学引进了另一种重要的反应类型——胺和羰基化合物反应生成亚胺。

大环金属配合物 [Ni(14)4,11-二烯-N_4]I_2 的合成[1,2] 主要有两步：① 在酸性条件下，两分子丙酮缩合成异亚丙基丙酮（α,β-不饱和酮），然后与乙二胺发生迈克尔加成反应生成取代β-胺基酮，最后一分子取代β-胺基酮的氨基与另一分子取代β-胺基酮的酮基缩合生成大环配体；② 合成的大环配体与镍离子反应，生成大环金属配合物。其反应全过程如下：

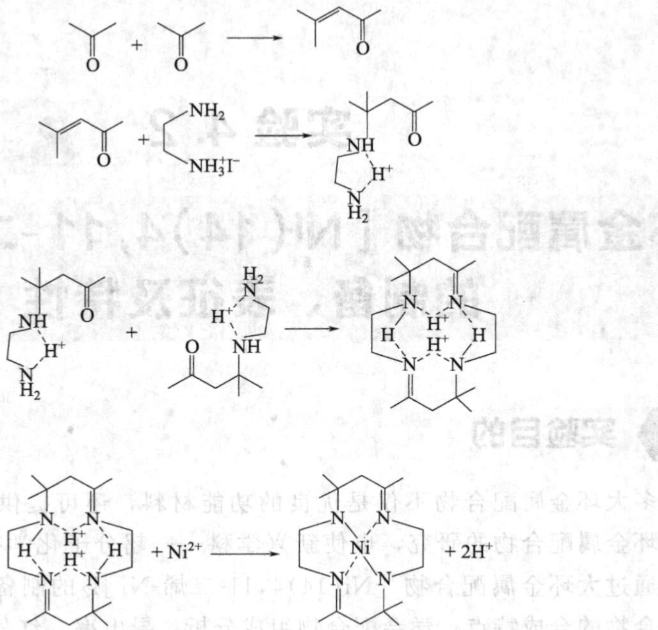

对所合成的大环金属配合物，采用有关物理测试方法（如元素分析、电导率测定、磁化率测定、红外光谱、紫外-可见吸收光谱、核磁共振谱等）进行表征，并根据实验数据描述产物的特性，包括其构型、磁性、中心离子与配体的配位形式等。

三、试剂和仪器

（1）主要试剂

丙酮、乙二胺、氢碘酸、无水乙醇，均为分析纯；四水合乙酸镍。

（2）主要仪器

烧杯、量筒、抽滤装置、水泵、真空干燥器、三颈烧瓶、冷凝管、搅拌器、电热套、元素分析仪、电导率仪、红外光谱仪、紫外-可见分光光度计、核磁共振波谱仪、古埃磁天平。

四、实验内容

（1）大环配体的制备

在 10 mL 无水乙醇中，加入一定量的乙二胺，水浴冷却后慢慢滴加一定量的氢碘酸溶液，然后再加入过量的丙酮，继续放入水浴中进行反应一段时间，然后在冰浴中放置一段时间（反应在烧杯中进行）。待晶体析出完全后，抽滤，产品在真空干燥器中干燥半小时，称重，计算产率。

按以上实验步骤，改变实验参数，研究不同参数下获得大环配体的产率：

① 乙二胺和丙酮的配料比对产率的影响；

② 氢碘酸的用量对产率的影响；

③ 水浴中反应时间对产率的影响；

④ 冰浴中放置时间对产率的影响。

（2）大环金属配合物的合成

在三颈烧瓶中注入 30 mL 无水乙醇和一定量的乙酸镍，缓慢加热并搅拌，使乙酸镍溶解，再加入一定量合成的大环配体，搅拌回流一段时间后，趁热过滤，将滤液置于水浴冷却至晶体析出，再放到冰浴中冷却一段时间，过滤，得亮黄色大环金属配合物晶体粗产品。用乙酸对粗产品进行重结晶提纯，得到的纯化产品放在真空干燥器中干燥，称重，计算产率。

按以上实验步骤，改变实验参数，研究不同参数下获得大环金属配合物的产率。

① 大环配体和乙酸镍的配料比对产率的影响；

② 回流反应时间对产率的影响；

③ 冰浴冷却时间对产率的影响。

（3）大环金属配合物的表征与性能测试

① 元素分析：在元素分析仪上测定大环金属配合物中镍和碘的百分含量。

② 电导率测定：采用电导率仪测定大环金属配合物的电导率，确定其离子的数目及大致结构。

③ 红外光谱测定：在红外光谱仪上测定大环配体和大环金属配合物的红外光谱，与标准谱图或文献中相应的谱图对照确证所合成的大环金属配合物，并根据大环配体和大环金属配合物谱图的异同，找出大环配体和镍的配位信息，判断它们的配位形式。

④ 电子光谱测定：采用紫外-可见分光光度计测定大环金属配合物的紫外-可见吸收光谱，确定其构型。

⑤ 核磁共振波谱（氢谱）测定：在核磁共振波谱仪上测定大环金属配合物的^{1}H NMR 谱，分析金属镍对氢的化学位移的影响，判断大环金属配合物的结构。

⑥ 磁化率测定：在古埃磁天平上采用参比法测定酞菁钴的磁化率，观察其磁性的大小。

五、实验注意事项

（1）制备大环配体的操作中，滴加氢碘酸的操作一定要缓慢，避免体系过热而造成大量副反应，影响产物的产率。

（2）制备大环金属配合物的实验中，加入大环配体之前，一定要慢慢加热并充分搅拌使乙酸镍完全溶解在乙醇中后，再加入大环配体进行反应，否则影响产率。

（3）大环金属配合物的表征可根据实验室的具体情况选做部分内容，也可以选择其他方法来表征。各种表征方法的具体操作请查阅有关文献。

六、扩展思考

（1）在制备大环金属配合物的过程中，哪些是关系产物产率的关键因素？

（2）从大环配体和大环金属配合物的红外光谱谱图，如何证明大环配体和镍离子形成了配合物？

（3）怎样从大环金属配合物的紫外-可见吸收光谱来判断其构型？

七、参考文献

［1］ 陈连清．应用化学实验．北京：化学工业出版社，2018.

［2］ 赵友云．湖南师范大学自然科学学报，1993，16（4）：379-382.

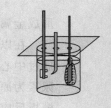

实验 4.3

金属酞菁配合物的合成、表征及特性

一、实验目的

金属酞菁配合物是近年来广泛研究的经典金属大环配合物中的一类，具有半导体、光导电、光化学反应活性、光记忆、荧光等特性，且具有良好的热稳定性和化学稳定性，在光电转换、催化活化小分子、信息储存、生物模拟及工业染料等方面有重要的应用。通过实验，让学生掌握金属酞菁配合物的一般合成方法以及合成中的常规操作方法和技能，了解金属酞菁配合物的纯化方法和表征方法，锻炼学生根据表征数据推测配合物组成和结构的能力。

二、实验原理和方法

金属酞菁配合物（MPc，见图 4-3-1）是自由酞菁（H_2Pc）与金属离子络合而形成的配合物，一般有以下两种合成方法[1]：

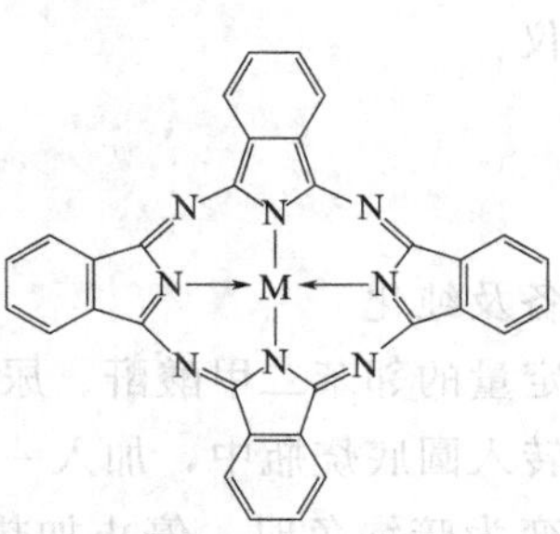

图 4-3-1　金属酞菁配合物的分子结构图

① 经典合成法。先采用有机合成方法制得并分离出自由的有机大环配体，再与金属离子配位，合成得到金属大环配合物。

② 金属模板反应合成法。通过简单配体单元与中心金属离子配位，再结合

形成金属大环配合物。这里的金属离子起着模板作用。

在以上两种方法中，模板反应是主要的合成方法。合成的途径也有多种，如通过中心金属离子置换的途径，以邻苯二甲腈为原料的途径，以邻苯二甲酸酐、尿素为原料的途径，以及以2-氰基苯甲酰胺为原料的途径等[2]。本实验采用金属模板反应合成法，以氯化钴、邻苯二甲酸酐和尿素为原料，钼酸铵为催化剂来制备酞菁钴，反应方程式如下：

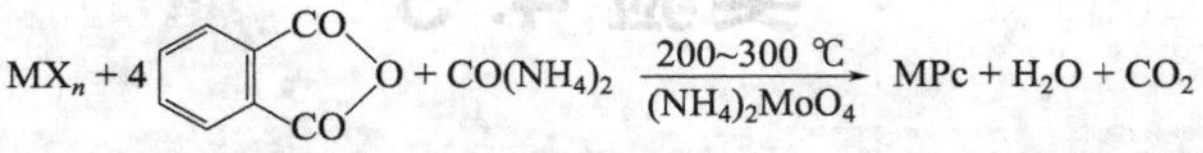

金属酞菁配合物的热稳定性与金属离子的电荷及半径有关[3]。由电荷半径较大的金属如Fe(Ⅲ)、Co(Ⅱ)等形成的金属酞菁配合物较难被质子酸取代，因而具有较大的稳定性，这些配合物可以采用先溶于浓硫酸然后再从水中沉淀析出的方法或通过真空升华的方法来进行纯化[1,2]。

对所合成的酞菁钴，可通过元素分析、差热-热重、磁化率、红外光谱、紫外-可见吸收光谱、核磁共振谱等测试方法进行表征，并根据实验数据描述产物的特性，包括其构型、磁性、中心离子与配体的配位形式等。

三、试剂和仪器

(1) 主要试剂

无水氯化钴、邻苯二甲酸酐、尿素、钼酸铵、煤油、无水乙醇、丙酮、盐酸、浓硫酸，均为化学纯。

(2) 主要仪器

电子天平、研钵、圆底烧瓶、量筒、电热套、抽滤装置、水泵、真空升华纯化装置、元素分析仪、紫外-可见分光光度计、红外光谱仪、核磁共振波谱仪、古埃磁天平、差热热重分析仪。

四、实验内容

(1) 酞菁钴粗产品的制备及纯化

粗产品的制备：称取一定量的邻苯二甲酸酐、尿素和钼酸铵，研细后加入一定量的无水氯化钴，混匀并转入圆底烧瓶中，加入一定量煤油后加热回流一段时间，至溶液由无色或浅黄色变为暗绿色时，停止加热。冷却至70 ℃左右，加入适量无水乙醇并趁热抽滤，滤渣置于研钵中。加入适量丙酮，研细，再抽滤，并依次用丙酮和2%盐酸洗涤2~3次，得酞菁钴粗产品。

粗产品的纯化：取1 g左右酞菁钴粗产品，置于石英管内高温区和低温区之间，真空度维持在133~266 Pa，氮气流量控制在20 mL/min（未抽真空时），高温区控制在 813 K，低温区控制在 713 K。待高温区达到酞菁钴升华温度后，恒温 2 h，然后停止加热，旋转三通活塞，关掉真空系统。待体系内接近 1 atm（1 atm＝101325 Pa）时，使体系与大气相通，自然冷却至室温，得升华后的酞菁钴精产品。称量，计算产率。

按以上实验步骤，改变实验参数，研究不同参数下获得目标产品的产率：

① 反应物投料比对产率的影响（包括无水氯化钴、邻苯二甲酸酐和尿素的投料比）；

② 催化剂用量对产率的影响；

③ 煤油用量对产率的影响；

④ 回流温度对产率的影响。

（2）酞菁钴的表征与性能测试

① 元素分析：在元素分析仪上测定酞菁和酞菁钴的 C、H、N 含量，通过其与酞菁钴中 C、H、N 的理论含量相比较，可以判断产物的纯度。

② 红外光谱测定：在红外光谱仪上测定酞菁和酞菁钴的红外光谱，找出酞菁和酞菁钴的特征吸收峰及其变化规律。

③ 电子光谱测定：采用紫外-可见分光光度计测定酞菁和酞菁钴的紫外-可见吸收光谱，从电子 π-π^* 跃迁的角度探讨酞菁和酞菁钴的电子光谱特性。

④ 核磁共振波谱（氢谱）测定：在核磁共振波谱仪上测定酞菁和酞菁钴的 ^{1}H NMR谱，分析金属钴对氢的化学位移的影响，判断酞菁和酞菁钴的结构，特别是酞菁钴中金属钴与酞菁的配位构型。

⑤ 磁化率测定：在古埃磁天平上采用参比法测定酞菁钴的磁化率，观察其磁性的大小。

⑥ 差热-热重测定：采用差热热重分析仪，记录酞菁钴的差热-热重谱图，分析其热稳定性。

五、实验注意事项

（1）制备酞菁钴的操作中，回流加热时应注意控制温度，避免由于过热使尿素或邻苯二甲酸酐升华而造成损失。

（2）本实验酞菁钴粗产品的纯化采用的是真空升华的方法，如果没有条件开展该实验的，可以参考文献［1］和［2］，采用其他方法对酞菁钴粗产品进行纯化。

（3）保持实验室的清洁和卫生，实验试剂用完放回原处。

六、扩展思考

（1）在酞菁钴的制备过程中，哪些是关系实验成败的关键因素？用乙醇、丙酮和2%盐酸处理合成的粗产品主要能除掉哪些杂质？产品提纯中你认为是否有其他更优的方法？

（2）如果改变金属盐的种类，制备的配合物结构是否相同？

（3）找出酞菁和酞菁钴的红外光谱特征吸收峰及其变化规律，并指出酞菁和酞菁钴在低频区红外光谱的差异提供了什么结构信息。

（4）酞菁钴的磁化率测试结果说明了什么问题？并请简单讨论酞菁钴配合物中金属钴的电子排布情况。

七、参考文献

［1］ 颜朝国．新编大学化学实验（四）—综合与探究：第二版．北京：化学工业出版社，2016.

［2］ 李惠．钴酞菁配合物的性质及其与甲巯咪唑的作用研究［D］．扬州：扬州大学，2007.

［3］ 徐祥，胡敏，王亦清，等．化学教育（中英文），2019（6）：36-39.

实验 4.4

锌配合物 $ZnL(PMA)_{0.5} \cdot 1.5H_2O$ 的合成及结构表征

一、实验目的

金属-有机网格配位聚合物（MOFs）是目前受到广泛关注的一种新型功能材料，在色谱分离、催化、光电材料等领域有着广阔的应用前景。通过实验，让学生掌握新型 MOFs 材料——锌配合物 $ZnL(PMA)_{0.5} \cdot 1.5H_2O$ 的合成方法以及合成中的常规操作方法和技能，了解锌配合物 $ZnL(PMA)_{0.5} \cdot 1.5H_2O$ 的表征方法，锻炼学生根据表征数据推测配合物组成和结构的能力。

二、实验原理和方法

MOFs 具有特殊拓扑结构内部排列的规则性以及特定尺寸和形状的孔道，经常具有不饱和配位的金属位和大的比表面积，因而在色谱分离、催化、光电材料等领域有着广阔的应用前景[1]。制备 MOFs 的金属离子和有机配体选择范围很大，其中金属离子几乎涵盖所有过渡金属元素形成的离子[1,2]，而最常用的有机配体是含有 N、O 等具有孤对电子的原子的刚性配体，如多羧酸、多磷酸、多磺酸、嘧啶等[1,3]。有机配体可通过配位键、离子键与金属离子结合。

本实验将有机配体均四苯甲酸（H_4PMA）和 4,4′,4″-(1*H*-咪唑-2,4,5-三基）三吡啶（L）与锌离子共同配位，得到锌配合物 $ZnL(PMA)_{0.5} \cdot 1.5H_2O$。理论上，该锌配合物中心金属离子与两种配体之间形成的是二维层状的配合物分子，分子的层与层之间再通过分子间氢键相互作用形成一种新型的三维网络互穿结构。为了确证其结构，可通过热重分析、X 射线衍射分析等方法进行表征。

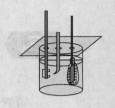

三、试剂和仪器

（1）主要试剂

硝酸锌、均四苯甲酸（H_4PMA）、4,4′,4″-(1*H*-咪唑-2,4,5-三基）三吡啶（L）、碳酸钠、乙醇。

（2）主要仪器

电子天平、量筒、聚四氟乙烯反应釜、马弗炉、抽滤装置、水泵、热重分析仪、X射线衍射仪。

四、实验内容

（1）锌配合物 $ZnL(PMA)_{0.5}\cdot 1.5H_2O$ 产品的制备及纯化

称取一定量的硝酸锌、H_4PMA、L和碳酸钠，加入盛有 2 mL 乙醇和 2 mL 水的聚四氟乙烯反应釜中。待加入的物质均已溶解后，将反应釜置于马弗炉中，高温加热一段时间（建议 160 ℃下加热 3 天），然后以一定的降温速率将其冷却至室温，抽滤，即得。称重，计算产率。

按以上实验步骤，改变实验参数，研究不同参数下获得目标产品的产率。

① 反应物投料比对产率的影响（包括硝酸锌、H_4PMA、L 的投料比）。

② 碳酸钠用量对产率的影响。

③ 反应温度对产率的影响。

④ 反应时间对产率的影响。

⑤ 降温速率对产率的影响。

（2）锌配合物的结构表征

① 热重分析：采用热重分析仪，记录产物的热重谱图，分析其热稳定性，并获取其碳、氢、氮含量的实验值，通过与其碳、氢、氮含量的理论值相比较，判断产物的纯度。

② X射线衍射分析：通过X射线衍射仪测定数据，分析产物的多维结构及其稳定性。

五、实验注意事项

（1）配合物合成实验中，加热反应完成后，降温速率不能太快，也不能太慢，否则会影响产物的产率。

（2）配合物表征的具体操作请查阅有关文献。

（3）保持实验室的清洁和卫生，实验试剂用完放回原处。

六、扩展思考

（1）在制备锌配合物的过程中，哪些是关系产物产率的关键因素？改变反应条件会影响产物的结构吗？

（2）怎样从 X 射线衍射分析数据来分析配合物的晶体结构？

七、参考文献

[1] 罗峰，朱雁，孙功明，等．东华理工大学学报（自然科学版），2013，36（3）：336-338.

[2] 尹作娟，高翔，孙兆林，等．化学与粘合，2009，31（3）：61-65.

[3] Eddaoudi M，Kim J，O'Keeffe M，et al. Journal of the American Chemical Society，2002，124：376-377.

实验 4.5

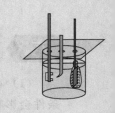

气相离子 $Fe(CO)_n^-$（n= 4，5）的红外光解离光谱

一、实验目的

随着可调谐激光技术的发展，红外光解离光谱不断发展成为一个功能强大的研究气相离子的重要方法，质谱技术与激光技术相结合可以获得气相离子的红外光谱。本实验主要是为了提高本科教学质量，拓宽学生视野，让学生了解化学的前沿基础研究领域，学习飞行时间质谱和红外光解离光谱等现代物理化学分析方法的原理，熟悉先进分析方法的新技术和新设备，提高学生对非传统化学和物理化学交叉学科的认识水平，培养学生对现代物理化学分析方法的兴趣和爱好。

二、实验原理和方法

（1）红外光解离光谱（infrared photodissociation spectroscopy，IRPD）

由分子不同振动能级之间的跃迁对应的分子光谱称为振动光谱。其能量变化约是 0.05～1.00 eV，对应光子波长为 1～25 μm，位于红外区，又称之为红外光谱[1]。红外光谱是表征凝聚相样品结构的常用方法，也是获得气相分子/离子的振动结构和几何结构的最直接最有效的表征方法之一。传统的红外吸收光谱的灵敏度不高，而气相离子的浓度非常低，因此无法使用红外吸收方法研究气相离子。等离子体环境有助于形成离子和离子团簇，但是有许多共存的物种，它们的红外光谱可能重叠，因此解决和归属这些光谱面临严峻挑战[2]。

从 1985 年诺贝尔化学奖获得者李远哲等人的红外解离谱实验发展到现在，具有高灵敏度和质量选择特性的质量选择红外光解离光谱已经成为研究气相小分子及团簇化学的重要手段。红外光解离谱实验是检测母离子碎片离子的强度随红外光波长变化的关系。使用质谱技术（本实验使用飞行时间质谱技术）对目标母离子进行质量选择/隔离，一束可调谐的红外激光与被隔离的母离子相互作用。若红外激光的频率与母离子的某一振动相匹配就会发生共振吸收，最终在皮秒到微秒的时间尺度内（与具体体系相关）振动能量迁移到母离子体系内弱结合键处，最终引起该弱结合键的断裂，释放出带电的和中性的碎片。扫描红外激光波长获得碎片离子随红外激光波长变化的曲线即获得母离子的红外光解离光谱[2-4]。

红外光解离实验的关键因素是光子的能量和断裂一个键所需要的能量。对于弱相互作用体系，离子吸收一个红外光子，该光子能量能够引起化合物越过解离势垒发生振动预解离［式(1)，$n=1$］。对于强相互作用团簇，体系需要吸收多个红外光子才能发生解离［式(1)，$n\geqslant2$］。

$$AL_m^+ \xrightarrow{nh\nu} AL_{m-1}^+ + L \tag{1}$$

$$AL_{m-1}^+ \cdots Ar_p \xrightarrow{h\nu} AL_{m-1}^+ \cdots Ar_q + Ar_{p-q} \tag{2}$$

多光子过程产生的红外光谱可能与正常的线性吸收光谱不同。测量强相互作用离子红外解离光谱法采用标签原子技术可以有效避免这种情况［式(2)］。通过形成离子-稀有气体化合物，体系的解离极限大大降低。如果离子-稀有气体的结合能低于红外光子的能量，那么吸收一个光子将会引起振动预解离。在一般情况下，标签原子（Ar 等，一般为稀有气体原子）对离子体系几何结构和电子结构的影响是可以忽略的。因此，离子-稀有气体原子化合物的红外光解离谱反映了自由离子的红外光谱。

(2) 飞行时间质谱（time-of-flight mass spectrometry，TOF MS）

飞行时间质谱是一种重要的脉冲式质谱技术[5-7]。目前正经历一个快速发展时期，电子技术的高速发展以及实验室日益强大的计算机功能极大拓展了飞行时间质谱在新领域的广泛应用。在飞行时间质谱里，离子的质荷比是由离子的飞行时间来确定。不同质荷比的离子在静电场中加速，具有同样电荷的离子获得相同的动能。随后离子进入一段长度固定的自由飞行区到达离子探测器。在自由飞行区内，不同质荷比的离子逐渐在空间上发生分离。若所有离子仅带有一个电荷，质量较小的离子具有较大的速度，先达到检测器，而质量较大的离子的速度相对较小，较晚到达检测器。相同质量的离子则同时到达检测器。因此根据离子的飞行时间和固定的实验参数（如加速电压、自由飞行区长度）可以得到离子的质荷比。

飞行时间质谱的以上特点可以实现不同质荷比离子在空间上的分离，结合离子门技术最终实现目标母离子的质量选择/隔离。

(3) 激光蒸发团簇源（laser vaporization supersonic cluster source）

激光蒸发与超声膨胀相结合是产生团簇的重要方法[3,8]。Rice 大学 Smalley 课题组发明并发展了激光蒸发团簇源，首次提出了将激光蒸发和超声分子束结合的方法产生离子和团簇[9]。绝大部分金属都具有很高的熔点，一般的方法很难达到高熔点金属蒸发所需的温度。而用激光蒸发金属材料可以获得难熔物质的离子和团簇，利用聚焦透镜把激光聚焦到固体靶表面上的很小区域，该微区的温度迅速上升（可达上万度），材料表面发生热离子发射和中性粒子蒸发，形成羽状的等离子体。将激光蒸发和超声分子束相结合产生大量的冷团簇。这种离子源的应用范围非常广，通用性强，可以用来产生各种尺寸的离子和团簇，包括金属团簇、半导体团簇和非化学计量的化合物团簇。

（4）实验流程及原理

图 4-5-1 即是整套实验装置的示意图。

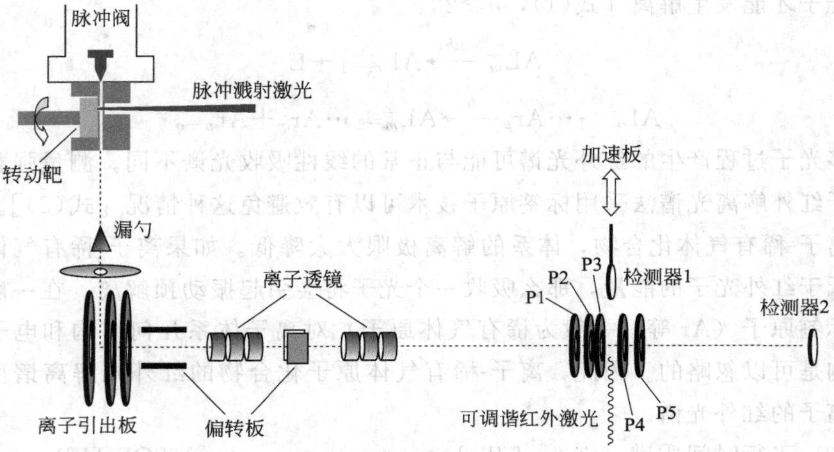

图 4-5-1　实验装置的示意图

激光蒸发团簇源产生多种粒子，经过漏勺准直进入直线式飞行时间质谱的离子引出区。带电离子（正离子或负离子）随即被高压脉冲垂直引入直线式飞行时间质谱，获得离子的种类和强度分布。然后进行红外光解离实验，目标离子通过离子门 1（P1，P2 和 P3 组成）和离子门 2（P2 和 P3 组成）到达红外光解离区（P4 和 P5 两板之间的区域），一束可调谐的红外 OPO/OPA 激光在红外预解离区与目标离子作用，作用后的产物在共线式串级红外光解离飞行时间质谱（二次 TOF，由 P3、P4、P5 三个电极板上所加的脉冲高压组成双场加速构型）的加速作用下到达检测器，得到目标离子与红外激光作用后产物的飞行时间质谱。通过扫描可调谐红外激光的波长，检测母离子（即目标离子）和/或碎片离子的强度随红外激光波长的变化，得到红外光解离光谱，获得目标离子的振动信息。

三、试剂和仪器

（1）主要试剂

Fe 靶（φ8.0×5.0，＞99%）、高纯 He（99.999%，12MPa）、高纯 CO

(99.9995%，8MPa)。

（2）主要仪器

质量选择红外光解离光谱仪器（一套）。

四、实验内容

（1）离子的生成

脉冲激光溅射转动的 Fe 靶产生等离子体，脉冲阀喷出高压脉冲气体［3 atm (1 atm＝101325 Pa)，含约 3%CO 的 He 载气］与等离子体混合发生碰撞冷却产生各种气相粒子。产生的气相离子随着高压脉冲载气离开离子源形成超声分子束，体系能量进一步冷却。

（2）全质谱的采集

载带有各种气相粒子的超声分子束通过漏勺进入飞行时间质谱的离子引出部分（离子引出板），负离子在脉冲电场的作用下被引出加速进入无场飞行区，在检测器 2 获得离子源产生的负离子的全质谱。

（3）红外光解离光谱的采集

依据全质谱找到目标离子 $Fe(CO)_{4/5}^-$ 的飞行时间，将具有一定时序的脉冲高压加载在 P1、P2、P3、P4 和 P5 五个电极板上，对目标离子 $Fe(CO)_{4/5}^-$ 进行隔离。可调谐的红外激光与目标离子作用，获得 $Fe(CO)_{4/5}^-$ 在 1800～2000 cm^{-1} 范围的红外光解离光谱。

（4）红外光解离光谱的分析

归属各红外谱峰，并由红外谱峰的个数和位置分析 $Fe(CO)_{4/5}^-$ 离子的几何构型[10]。

五、实验注意事项

（1）实验全程听从实验指导老师安排。

（2）实验室内有较多高压电源和控制单元等精密设备，未经实验指导老师许可，不允许随意触碰相关设备，以防对精密贵重设备造成损坏。

（3）实验正常进行时需要开启激光，未经实验指导老师许可，不允许随意接触激光器、激光光路和相关光学元器件，以防激光泄漏对眼睛造成伤害。

（4）实验室光学设备和电子设备较多，需保持实验室的清洁和卫生。

六、扩展思考

（1）从红外吸收光谱与红外光解离光谱的区别出发，列出二者各自特点。

（2）针对本套实验装置和实验方法，获得一张高质量的红外光解离光谱需要具备哪些条件？

（3）根据所学无机化学知识，红外光解离光谱适用于研究哪些化合物体系？举例说明。

（4）本套装置设计是使用直线式飞行时间质谱方法对母离子进行隔离，同时使用直线式飞行时间质谱方法对碎片离子进行采集，可否使用其他的质谱方法实现对母离子的隔离和碎片离子的检测？如有，试给出大致方案简要说明。

（5）本套装置设计采取的是用飞行时间质谱方法研究带电（正或负）离子的红外光解离光谱，思考一下本装置设计可否用来研究中性分子的红外光解离光谱？若可以，需要提供哪些条件，怎么开展相关实验？

七、参考文献

［1］ 范康年．物理化学：第二版．北京：高等教育出版社，2005.

［2］ Wild D A，Bieske E J. International Reviews in Physical Chemistry，2003，22（1）：129-151.

［3］ Duncan，Michael A. International Reviews in Physical Chemistry，2003，22（2）：407-435.

［4］ Oomens J，Sartakov B G，Meijer G，et al. International Journal of Mass Spectrometry，2006，254：1-19.

［5］ Opsal R B，Owens K G，Reilly J P. Analytical Chemistry，1985，57（9）：1884-1889.

［6］ Bergmann T，Goehlich H，Martin T P，et al. Review of Scientific Instruments，1990，61（10）：2585-2591.

［7］ Bergmann T，Martin T P，Schaber H. Review of Scientific Instruments，1990，61（10）：2592-2600.

［8］ Johnson M A，Lineberger W C. In Technique for the Study of Gas-Phase Ion Molecule Reactions. New York：Wiley，1988：591.

［9］ Dietz T G，Duncan M A，Powers D E，et al. Journal of Chemical Physics，1981，74（11）：6511-6512.

［10］ Wang G，Chi C，Cui J，et al Journal of Physical Chemistry A，2012，116：2484-2489.

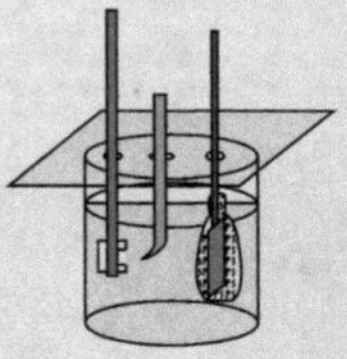

第五单元

核化学

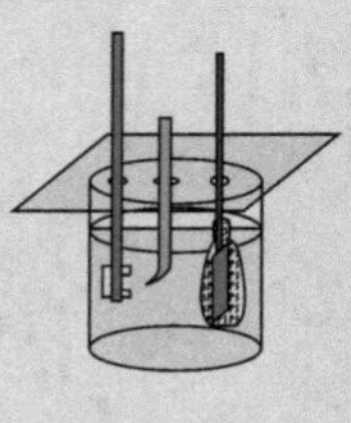

实验 5.1

生物吸附材料对铀的吸附

一、实验目的

随着核工业的快速发展，含铀废水的处理日趋重要。化学沉淀、离子交换、蒸发浓缩、吸附是处理含铀废水的最常用的 4 种基本工艺。其中生物吸附法因其材料廉价易得，吸附量大而成为研究热点。该实验通过研究生物吸附材料（柚子皮等）对铀标准溶液的吸附过程，增强学生对生物吸附剂前处理过程的认知，学习偶氮胂Ⅲ光度法测定微量铀，加强学生的实验操作水平。

二、实验原理和方法

农业废弃物具有独特的化学成分，基本组成包括半纤维素、木质素、提取物、类脂、蛋白质、单糖、淀粉等，它们含有不同的官能团，有利于通过金属络合去除重金属离子，尤其是含有纤维素的原料具有更显著的金属离子吸附能力[1,2]。而柚子皮内部的白色絮状层中含有大量的纤维素，可通过络合去除溶液中的铀离子[3-5]。在 pH 2～2.5 时，以偶氮胂Ⅲ为显色剂，光度法测定铀[4-6]。

本法测定范围为含铀 0.001%～0.5%。

三、试剂、材料和仪器

（1）主要试剂

① 2,4-二硝基酚溶液（1 g/L）：称取 0.1 g 2,4-二硝基酚溶于 100 mL 乙醇中。

② 铀标准储备液（1 mg/mL）：准确称取基准八氧化三铀 1.1792 g 于烧杯中，加入 10 mL 盐酸（ρ=1.18 g/mL），2 mL 30%过氧化氢，加热溶解，蒸发至湿盐状，加 10 mL 盐酸（ρ=1.18 g/mL）溶解，转入 1000 mL 容量瓶中，用

水稀释至刻度，摇匀。

③ 氯乙酸-乙酸钠缓冲液（pH 2.5）：配制 0.5 mol/L 氯乙酸溶液和 0.5 mol/L 乙酸钠溶液，两者按 10∶3 体积比混合，于酸度计上调节 pH 为 2.5±0.1。

④ 偶氮胂Ⅲ溶液（ρ=0.5 g/L）：称取 0.05 g 偶氮胂Ⅲ，水溶，移入 100 mL 容量瓶中，稀释至刻度，摇匀。

⑤ 盐酸（3 mol/L）：于 30 mL 水中加入浓盐酸 10 mL，即（1+3）盐酸。

⑥ 盐酸（1 mol/L）：于 55 mL 水中加入浓盐酸 5 mL。

⑦ 氨水（1+1）：一份氨水与一份水混合。

⑧ 氢氧化钠（1 mol/L）：4 g 氢氧化钠固体定容至 100 mL。

（2）主要材料

柚子皮（去掉柚子皮的外皮，用 0.1 mol/L 的氢氧化钠浸泡 4 h，再用蒸馏水洗至中性，风干 48 h，然后在 60 ℃的烘箱内烘干、粉碎、待用）。

（3）主要仪器

721 分光光度计、酸度计、电子天平。

四、实验内容

（1）标准曲线的绘制

分别吸取 5 μg、10 μg、15 μg、20 μg、25 μg 或 10 μg、20 μg、30 μg、40 μg、50 μg 铀标准储备液于 25 mL 容量瓶中，用少量水稀释，滴加两滴 2,4-二硝基酚指示剂，用（1+1）氨水调至溶液呈黄色，用 3 mol/L 盐酸调节至溶液无色，再加入过量的两滴，随即加入 2 mL 缓冲溶液、2 mL 偶氮胂Ⅲ，用蒸馏水稀释至刻度线，摇匀。以 1 cm 比色皿，以试剂空白作参比，在 721 分光光度计上 660 nm 处测其吸光度，绘制标准曲线。

（2）吸附实验

准确称量 0.02 g 的柚子皮加入 250 mL 锥形瓶中，用 NaOH 溶液或 HCl 溶液调节 10 μg/mL 的铀溶液的 pH 为 5.5，准确移取 100 mL 铀标准溶液入锥形瓶（平行测定三组）。在振荡机上以 200 r/min 振荡 3 h，取 1 mL 上清液，按工作曲线绘制的操作步骤测定吸光度。分别按式(1) 和式(2) 计算吸附容量和去除率。

$$q=\frac{V\ (C_0-C_e)}{M} \tag{1}$$

$$E=\frac{C_0-C_e}{C_0}\times 100\% \tag{2}$$

式中，q 为吸附容量（mg/g）；C_0、C_e分别为吸附前后铀的质量浓度，μg/mL；V 为溶液体积，mL；M 为吸附剂用量，g；E 为去除率，%。

五、实验注意事项

（1）实验所用仪器必须清洁，干燥。

（2）调节铀标准溶液的 pH 时注意调节要迅速，尽量不要回调，回调时最好用原铀标准溶液回调。

（3）实验过程中注意仪器和试剂的安全使用。

（4）保持实验室清洁卫生，实验完成后整理实验台，清洗所用仪器。

六、扩展思考

（1）偶氮胂Ⅲ显色测铀为什么显色酸度要控制在 pH 2～2.5 范围内？

（2）偶氮胂Ⅲ属于哪类显色剂？其化学性质如何？

（3）柚子皮为什么要先用碱浸泡？

（4）吸附过程中哪些条件会影响吸附剂对铀的吸附量？可进行探究性实验。

（5）还有哪些农林废弃物可能会对铀有吸附？可进行探究性实验。

七、参考文献

［1］ Hashem A，Akasha R A，Ghith A，et al. Energy Education Science and Technology，2007，19：69-86.

［2］ 王国惠．环境工程学报，2009，3（5）：791-794.

［3］ 徐泽敏，殷涌光．食品研究与开发，2007，28（1）：176-178.

［4］ Bhalara P D，Punetha D，Balasubramanian K. Journal of Environmental Chemical Engineering，2014，2（3）：1621-1634.

［5］ Li Q，Liu Y，Cao X，et al. Journal of Radioanalytical and Nuclear Chemistry，2012，293：67-73.

［6］ 宋金如，铀矿石的化学分析．北京：原子能出版社，2006.

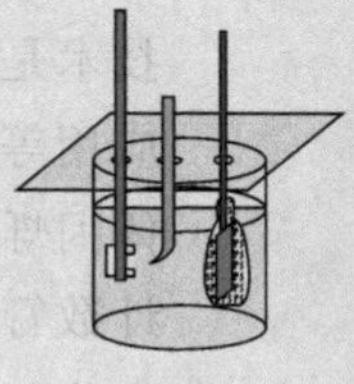

实验 5.2

水中总 α、β 放射性活度的检测

一、实验目的

核能的利用在给人类带来巨大利益的同时也带来了不少潜在的核威胁，如增加了环境放射性污染，导致放射性工作人员以及公众接触放射性污染和受放射性辐照的可能性增加。为评价放射性污染所造成的危害，对环境中的空气、水以及生物等进行放射性监测是最常用的手段。总 α、β 测量作为放射性分析手段中最简便的方法之一，已被广泛地用于环境监测和工业应用中。

通过本实验，使学生了解测量水中总 α、β 的常用方法，掌握流气式正比计数法筛查水中总 α、β 的放射性活度的原理及操作方法，以及液体闪烁计数法(liquid scintillation counting，LSC）快速分析水中总 α、β 放射性活度的原理及操作方法，增强学生对环境水中放射性污染情况的认知。

二、实验原理和方法

水中核素一般分为稳定核素和不稳定核素两大类。不稳定核素通过放射性衰变成为另外一种元素，同时自发地从核内释放出 α 粒子、β 粒子、γ 光子以及其他射线。而 α、β 射线可以通过直接或间接的电离作用，使人体的分子发生电离或激发，产生多种自由基和活化分子，导致人体细胞或机体的损伤和死亡。由于部分不稳定核素（如镭、钚等）通过吸入、食入等方式进入人体后，易在人体内沉积，对人体产生 α、β 粒子的内照射伤害。因此，对 α、β 粒子放射性的检测具有重大意义。

我国对水中放射性的测量工作开展已久，并颁布了一系列标准、规范，如《生活饮用水卫生标准》[1]《污水综合排放标准》[2]《生活饮用水标准检验法》[3]等，用于指导不同水质中放射性水平的测量。总 α、β 放射性检测作为一项筛选技术是最简单的放射性分析过程之一，被广泛用于放射生物学、环境监测和工业应用等方面。目前，主要的总α、β放射性探测技术有硫化锌塑料闪烁体法、液体闪烁计数法（LSC法）、流气式正比计数管法、盖革管法等。其中流气式正比计数管是电离型探测装置，是通过测量入射粒子的电离作用而产生的脉冲式电压变化，从而对入射粒子逐个计数的，适用于弱放射性的测量[4]。LSC法的基本原理则是依据射线与物质相互作用产生荧光效应，首先是闪烁溶剂分子吸收射线能量成为激发态，再回到基态时将能量传递给闪烁体分子，闪烁体分子由激发态回到基态时，发出荧光光子。荧光光子被光电倍增管（PM）接收转换为光电子，再经倍增，在PM阳极上收集到的光电子，以脉冲信号形式输送出去，最后将信号复合、放大、分析、显示，表示出样品液中放射性强弱与大小。

本实验采用流气式正比计数法筛查水中总α、β的放射性活度，采用LSC法快速分析水中总α、β放射性活度。

三、试剂、材料和仪器

（1）主要试剂

盐酸、氨水、天然混合铀标准溶液、氯化钾标准物质、纯水。

（2）主要材料

水样（自来水、水库水等）。

（3）主要仪器

流气式正比计数管、液体闪烁分析仪、电热板、恒温干燥箱、马弗炉、坩埚、玛瑙研钵、电子天平、闪烁测量瓶、磁力搅拌器。

四、实验内容

（1）流气式正比计数法检测

① 样品处理：取水样酸化后的农田水样，用氨水调pH至中性，在电热板上加热、蒸发、浓缩。将浓缩液转移至坩埚内，然后在110 ℃干燥箱内烘干，再在约450 ℃马弗炉内灰化，冷却至室温后称重，再将灰样研磨成粉末并拌匀，备用。

② 总α放射性测定：采用直接蒸干厚层法。定量称取一系列灰样于测量盘中，铺匀、压平，制成厚度大于有效厚度的样品源在流气式正比计数管上测量总α放射性，绘制其效率-刻度曲线。

③ 总β放射性测定：同总α放射性测定方法。

④ 计算出样品中总α、β放射性活度。

（2）液体闪烁计数法检测[5]

① 样品处理：取水样，用盐酸调 pH 至 1.5～2.5，在电热板上加热、蒸发、浓缩。将浓缩液转入容量瓶，用不含 α、β 放射性的纯水定容，摇匀，备用。

② 总 α 放射性测定：采用标准曲线法。

首先，选择合适的总 α 标准源（天然混合铀源）以及合适的闪烁体系。

然后优化样品加入量。样品为加入铀标准溶液的水样按上述“样品处理”方法处理后的浓缩液。

再对加入不同量铀标准溶液的系列样品进行总 α 放射性活度测量，绘制出 α 放射性活度的工作曲线，并对方法的精密度和检出限进行考察。

最后，对实际样品中总 α 放射性进行检测，同时考察方法的加标回收率。

③ 总 β 放射性测定：总 β 标准源采用氯化钾源，其余同总 α 放射性测定。

④ 计算出样品中总 α、β 放射性活度。

五、实验注意事项

（1）正比计数法检测时，水样的蒸发、浓缩、灰化、研磨、称重等环节操作必须仔细，铺样时要保证铺样厚度的统一性和均匀性，减少误差。样品一般应在采样后 48 h 内进行分析。

（2）正比计数法检测时，标准源的选择必须慎重，一般采用与样品源中放射性核素的有效能量相接近的标准源，如选择 ^{241}Am 作为 α 标准源，选择高纯度的 KCl 作为 β 标准源。标准源的表面密度一般选择 0.5～25 mg/cm^2。

（3）LSC 法制样时需要搅拌以消除氡及其子体，并避免盐沉淀。此外，实际样品处理时通常还需要进行淬灭校正。

（4）请查阅文献资料，设置好 LSC 法在测量总 α、β 的放射性的参数，安排好操作的程序。注意 LSC 法在测量总 α、β 的放射性的过程中，参数的正确设置非常重要。

（5）实验完成后，将含标准源的废液收集在固定的塑料桶中，交环保部门统一处理。

六、扩展思考

（1）正比计数法和 LSC 法各有什么优缺点？

（2）请推导总 α、β 放射性活度的计算公式。

七、参考文献

[1]　中华人民共和国卫生部，中国国家标准化管理委员会．生活饮用水卫生标准：GB 5749—2006. 北京：中国标准出版社，2007.

[2] 国家环境保护局，国家技术监督局．污水综合排放标准：GB 8978—1996. 北京：中国环境科学出版社，1997.
[3] 中华人民共和国卫生部．生活饮用水标准检验法：GB/T 5750—1985. 北京：中国标准出版社，1987.
[4] 刘慧东．黑龙江环境通报，2010，34（2）：64-65.
[5] 赵成曦，焦献聪，容小惠，等．中国供水卫生，2001，9（2）：8-12.

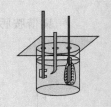

实验 5.3

电化学辅助吸附溶液中低浓度铀的研究

一、实验目的

铀等放射性元素会产生辐射能量，导致生物体的放射性病变，对生态环境和人类健康造成极大危害。因此，解决铀主要生产环节及放射性同位素的应用中排放的大量放射性废水的污染问题，减小含铀废水对环境和生态系统的危害具有重要意义。本实验利用聚丙烯腈涂覆在碳毡表面，胺肟化后制备聚偕胺肟电极，使用电化学法对水体中的低浓度铀进行吸附分离。探究溶液 pH、接触时间和电压等因素对电化学法吸附铀的影响，并对聚苯胺电化学法的重复使用性进行了研究。掌握电化学吸附的吸附原理和操作方法，了解放射性核素的新型吸附技术。

二、实验原理和方法

(1) 原理

实验原理如图 5-3-1 所示。使用聚偕胺肟电极作为负极，石墨棒电极作为正极。因为聚偕胺肟可以提供胺肟基作为铀酰离子（UO_2^{2+}）结合的螯合位点。在电化学法吸附过程中，将交流电压施加到聚苯胺电极和石墨棒电极两端，电压在−5 V 和 0 之间交替，持续时间相等，调整电压和频率以最大化吸附性能。在电化学法吸附过程中在原理图中分五个步骤：（Ⅰ）所有离子随机分布在水溶液中。（Ⅱ）当施加负偏压时，阳离子和阴离子在外部电场的影响下开始迁移，阳离子向聚偕胺肟电极（负极）移动，并在聚偕胺肟电极的表面上形成双电层（EDL）。EDL 内层中的铀酰离子可以与电极表面形成螯合作用。（Ⅲ）铀物质进一步还原并电沉积为电荷中性物质 UO_2。（Ⅳ）当去除偏压时，只有铀酰离子和电沉积的 UO_2保持附着在电极表面上。没有特异性结合的其他离子在电极表面上重新分布并释放表面活性位点。（Ⅴ）随着循环重复，铀酰离子进一步附着到聚偕胺肟电极表面，沉积的 UO_2 可以生长成更大的颗粒。

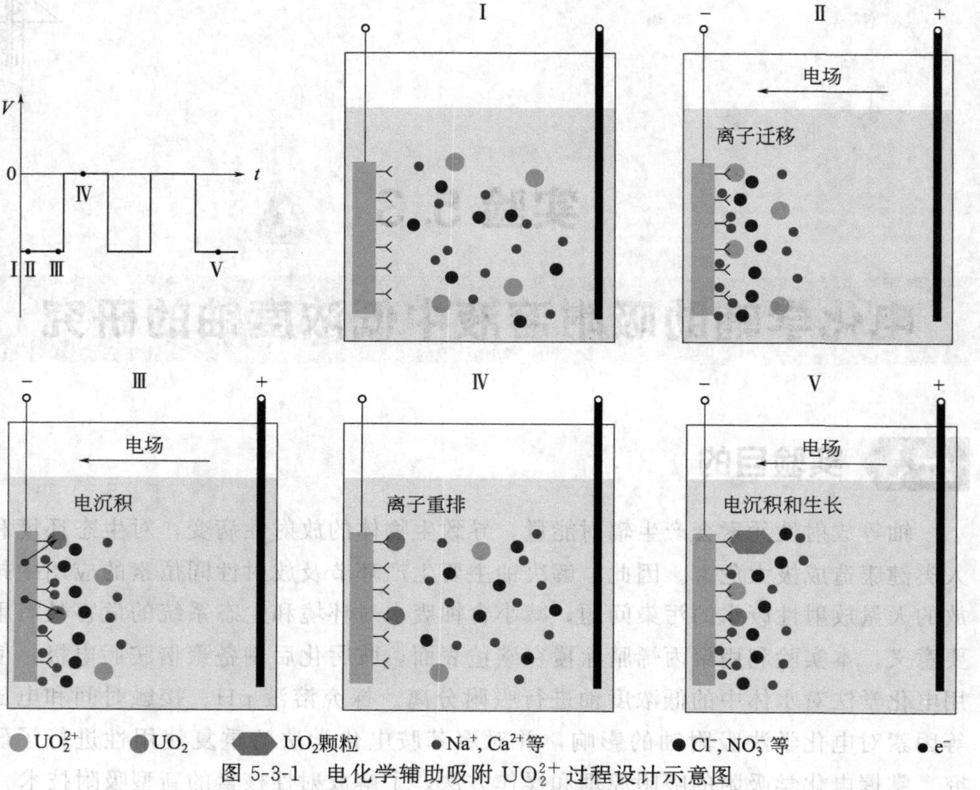

图 5-3-1 电化学辅助吸附 UO_2^{2+} 过程设计示意图

Ⅰ—所有离子分散在溶液中；Ⅱ—外加电场离子发生迁移；

Ⅲ— UO_2^{2+} 被还原和吸附现象；Ⅳ—部分 UO_2^{2+} 被吸附后撤销电场，离子重新分散；

Ⅴ—再次外加电场，UO_2^{2+} 进一步被还原吸附，并促进剩余 UO_2 发生沉积

（2）方法

① 聚偕胺肟电极的制备

聚丙烯腈胺肟化过程见图 5-3-2。将聚丙烯腈（PAN）、活性炭以一定的质量比加入到 *N*,*N*-二甲基甲酰胺（DMF）溶剂中。将溶液搅拌过夜以形成均匀的浆液，然后将碳毡基材用浆料浸涂并在热板（70 ℃）上风干。然后将电极放入水浴中，加入一定量盐酸羟胺和碳酸钠溶液，反应一定时间后，将电极用去离子水清洗多次，并干燥待用。

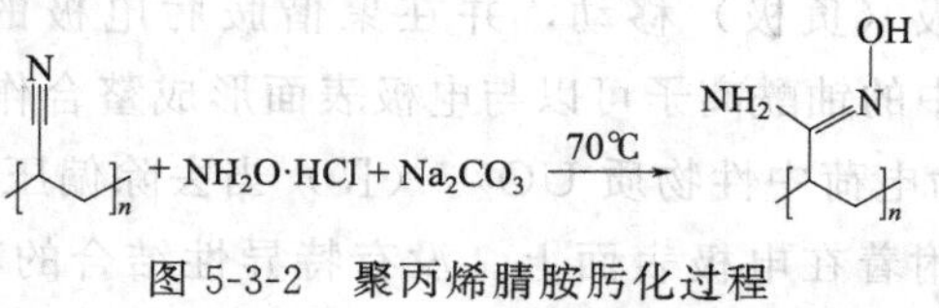

图 5-3-2 聚丙烯腈胺肟化过程

② 吸附试验

将制备好的聚偕胺肟电极用作负极，石墨棒用作正极。在吸附实验中，使用一定浓度的硝酸铀酰溶液作吸附液。在电极两端施加一个脉冲偏压进行吸附试验，采用偶氮胂Ⅲ分光光度法（波长为 650 nm）测量吸附液吸光度变化，并按公式（1）计算吸附容量。

$$Q=\frac{C_0-C_e\times V}{W} \tag{1}$$

式中，Q 为吸附容量，mg/g；C_0，C_e分别为溶液中铀的初始浓度和吸附平衡时液相中铀的浓度，mg/g；V 为吸附体系溶液的总体积，mL；W 为吸附剂用量，mg。

三、试剂、材料和仪器

（1）主要试剂

聚丙烯腈（PAN）、硝酸铀酰、偶氮砷Ⅲ、N,N-二甲基甲酰胺（DMF）、盐酸羟胺、无水碳酸钠、氢氧化钠、硝酸、活性炭。

（2）主要材料

碳毡；石墨电极。

（3）主要仪器

电化学工作站（CHI660D，上海辰华仪器有限公司）、722 型可见光分光光度计（天津普瑞斯仪器有限公司）、傅里叶变换红外光谱仪（Nicolet iS5，美国赛默飞世尔科技有限公司）、恒温油浴锅、真空干燥箱、磁力搅拌器、酸度计、磁力搅拌器、烧杯、圆底烧瓶。

四、实验内容

（1）聚偕胺肟电极的制备

将碳毡切成 1 cm^2的电极基板。将聚丙烯腈（PAN）、活性炭以一定的质量比加入到 N,N-二甲基甲酰胺（DMF）溶剂中。将溶液搅拌过夜以形成均匀的浆液，然后将碳毡基材用浆料浸涂并在热板（70 ℃）上风干。然后将电极放入 25 mL水中 70 ℃加热，然后加入一定量 80 mg/mL 盐酸羟胺和 60 mg/mL 碳酸钠溶液，反应 90 min 后，将电极用去离子水清洗多次，并在 80 ℃烘箱中干燥待用。

（2）吸附试验

将制备好的聚偕胺肟电极用作负极，石墨棒用作正极。在每个吸附实验中，使用 15 mL 10 mg/mL 的硝酸铀酰溶液作吸附液。在电极两端施加一个脉冲偏压进行吸附试验，电压大小为 −5 V，频率为 400 Hz。吸附 24 h 后，采用偶氮胂Ⅲ分光光度法（波长为 650 nm）测量吸光度，并计算吸附容量。

五、实验注意事项

碳毡上涂覆 PAN 浆料时，涂抹得均匀与否将对吸附效果起到关键作用，要注意涂覆手法和涂覆厚度。

六、扩展思考

能否用此方法吸附其他重金属元素或放射性核素？如果能，实验应该如何进行改进？

七、参考文献

[1] Liu C，Hsu P C，Xie J，et al. Nature Energy，2017，2：1-8.
[2] Saeed K，Haider S，Oh T J，et al. Journal of Membrane Science，2008，322（2）：400-405.

实验 5.4

铀酰配合物的制备及结构表征

一、实验目的

随着X射线单晶衍射技术的发展，使得我们能够从分子水平上了解宏观物质的微观结构。铀是泥土、地下水中最常见的放射性污染物之一，在地下水中铀的存在形式为铀酰离子 UO_2^{2+}，UO_2^{2+} 可溶于大多数的有机溶剂中，这也方便了有机配体在有机溶剂中与其进行络合，同时也为环境中放射性核素的萃取指明了一种方法。对放射性核素的萃取实质上也是一个配合物的形成和分离的过程。

本实验主要是为了提高本科教学质量，开拓学生对宏观和微观物质结构的了解，学习现代结构表征和分析方法，掌握单晶的制备方法，增强学生对放射性核素萃取过程的认知，同时还可以加强学生的动手能力和结构分析能力。

二、实验原理和方法

物质的结构决定物质性质，物质的性质决定其功能，因此，分析物质微观结构对了解宏观物质的性质和功能具有重要的意义。铀酰配合物一般是由铀酰离子（UO_2^{2+}）与多齿的有机配体通过形成配位键而得到，根据软硬酸原理可得，一般铀酰离子更易与含氧配体相结合，因此在选择配体时一般倾向于选择有机羧酸。

从结构角度出发，六价铀化合物具有独特的拓扑结构。铀原子杂轴向上与两个氧原子配位，形成一个线性的三原子铀酰基团。在大多数铀酰化合物中，由于端基氧的空间作用，赤道方向上的原子都保持在同一个平面，可以形成不同配位模式和空间结构的。图 5-4-1 是铀酰离子和铀酰配合物的一些基本空间结构[1]。

X射线单晶衍射测定物质结构的首要条件是物质必须是单晶，因此首先要制备合适测定的单晶，制备单晶的方法有溶剂挥发法、水热法、溶剂热法、扩散法、微波辅助法等，本实验采用水热法。

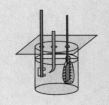

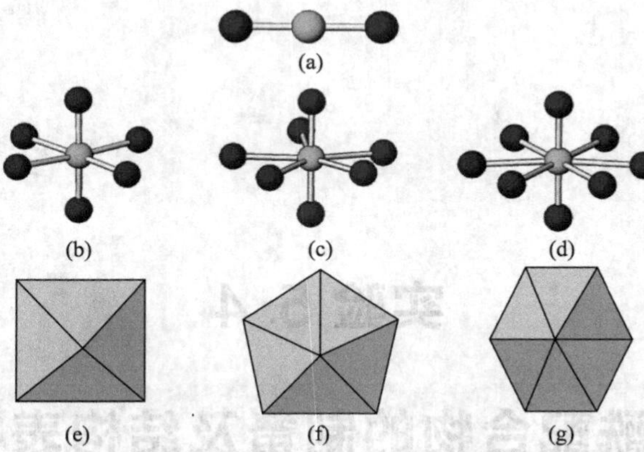

图 5-4-1 (a) UO_2^{2+} 铀酰离子；(b)、(e) 铀酰配合物的四角双锥构型；(c)、(f) 铀酰配合物的五角双锥构型；(d)、(g) 铀酰配合物的六角双锥构型

得到的单晶用 X 射线单晶衍射仪进行晶胞的测定和结构的分析[2,3]；然后通过结构解析软件，解析出结构，得出晶体的键长、键角等参数；最后对解析的结构进行分析，分析分子内的相互作用（氢键、π-π 相互作用等），并且分析拓扑以及堆积方式。并用 Dimond 软件对得到的结构进行表达，从而使得其结构更加一目了然。配合物的结构完全确定后，可以对其进行一些性质测试与性能的预测。

三、试剂、材料和仪器

(1) 主要试剂

$UO_2(NO_3)_2 \cdot 6H_2O$、2,4′-连苯二甲酸、NaOH、去离子水。

(2) 主要材料

玻璃丝、AB 胶、针灸银针、石蜡、离心管、载玻片、称量纸、称量勺。

(3) 主要仪器

10 mL 的量筒、X 射线单晶衍射仪（德国，Bruker smart breeze CCD)、聚四氟乙烯不锈钢反应釜、高精密控温马弗炉、光学显微镜、分析天平。

四、实验内容

(1) 单晶的合成

将 24 mg（0.1 mmol）的 2,4′-连苯二甲酸、50 mg（0.1 mmol）的硝酸铀酰［$UO_2(NO_3)_2 \cdot 6H_2O$］、4 mg（0.1 mmol）的 NaOH 以及 1.5 mL 的去离子水加入到聚四氟乙烯高压反应釜中。将反应釜套上不锈钢金属罐放入马弗炉中，加热至 150 ℃并持续 48 h，然后等样品自然冷却至室温，得到适合于 X 射线衍射结构分析的黄色块状单晶，依次用去离子水和无水乙醇洗涤数次后在空气中干燥。

(2) 单晶的测定及解析

将挑选出来的单晶用 AB 胶粘在玻璃丝的顶端(如图 5-4-2 所示),将粘好的晶体固定到 X 射线单晶衍射仪上进行结构的测定,测定方法按实验室操作规程操作。将测定的 *hkl* 和 p4p 文件加载到晶体解析软件(SHELXTL),对结构进行精修,然后结合元素分析和热重分析结果确定物质的具体结构。

图 5-4-2 晶体粘接位置示意图

(3) 单晶的结构分析及表达

根据结构分析可得该配合物的具体晶体结构,利用 Dimond 绘图软件对得到的配合物进行各种结构特点图的绘制,例如铀中心的配位模式、配体的配位模式、整个配体将铀中心连接成的多维图以及其拓扑简化图等。

五、实验注意事项

(1) 实验中要用到的实验器皿都必须洗涤干净,称取反应物也应严格按照所需量进行,否则可能会对实验结果产生影响。

(2) 单晶 X 射线衍射测定结构时要注意按实验规程来操作,否则会产生 X 射线泄漏,对人体产生影响。

(3) 保持实验室的整洁干净,实验试剂用完放回原处。

六、扩展思考

(1) 若改变反应的条件,比如反应物配体、阴离子、溶液的 pH、反应温度、反应溶剂等条件,是否能得到配合物的晶体结构?若得到,结构是否会相同?可根据实际情况进行更多的探索性实验。

(2) 反应过程中加 NaOH 的作用是什么?

(3) 铀酰配合物相对于过渡系金属的配合物的结构有什么特点?

七、参考文献

[1] Logan M W, Lau Y A, Zheng Y, et al. Catalysis Science & Technology, 2016, 6 (14): 5647-5655.

[2] 陈小明,蔡继文. 单晶结构分析的原理与实践:第二版. 北京:科学出版社,2007.

[3] 周公度,郭可信,李根培,等. 晶体和准晶的衍射:第二版. 北京:北京大学出版社,2013.

实验 5.5

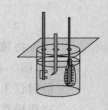

季铵盐阳离子插层蒙脱土的制备、表征及其对铀的吸附应用

一、实验目的

铀矿水冶、元件加工和核设施等涉铀工艺在生产和运行过程中会排放大量含铀废水，如果铀在环境中大量累积，会造成环境本底辐射，造成物种基因畸变，对植物、农田和土壤产生不可逆转的破坏，对人类的生存和发展构成潜在的威胁。为减少放射性污染所造成的危害，从环境中把铀分离富集出来是最常用的手段之一，而吸附法是其中最有效和最常用的方法。通过本实验，使学生了解季铵盐阳离子插层蒙脱土（$CTMA^+$-M）的制备和表征方法，掌握采用分光光度法对 $CTMA^+$-M 吸附铀的性能进行研究的原理和方法，了解放射性核素的新型吸附技术。

二、实验原理和方法

蒙脱土是含水的层状铝硅酸盐矿物，由于其表面硅氧结构亲水性较强，键合能力较弱，对重金属离子的吸附性能较差。但是由于蒙脱石铝氧八面体中部分三价铝易被二价镁同晶置换，造成层内表面具有负电荷，过剩的负电荷通过层间吸附阳离子来补偿，因此能够通过吸附的阳离子与有机或无机阳离子离子交换，改变蒙脱土的表面性质和层间结构，并改善其吸附性能[1]。如通过离子交换将十六烷基三甲基铵阳离子插层到蒙脱土的层间能够较大幅度的提高蒙脱土吸附 Pb^{2+}、Pd^{2+}、Cd^{2+}、Zn^{2+} 和 Cr^{6+} 等重金属离子的性能[2]。

本实验采用十六烷基三甲基溴化铵（CTMAB）与钠基蒙脱土（Na-M）进行离子交换制备季铵盐阳离子插层蒙脱土（$CTMA^+$-M）；采用小角 X 射线衍射仪（SAXRD）、傅里叶变换红外光谱仪（FT-IR）和高分辨透射电镜（HRTEM）表征蒙脱土的微观结构；采用分光光度法研究季铵盐阳离子的插层量、溶液的初始

pH、初始浓度和溶液离子强度对吸附铀性能的影响，并考察 $CTMA^+$-M 对铀离子的选择性吸附性能[3]。

三、试剂和仪器

（1）主要试剂

CTMAB、Na-M（阳离子交换容量为 84 mmol/100 g）、铀标准溶液（1 mg/mL）、盐酸、硝酸、氯化钾。

（2）主要仪器

X 射线衍射仪、红外光谱仪、高分辨透射电镜、紫外可见分光光度计、电子天平、恒温磁力搅拌器、干燥箱、恒温振荡器、圆底烧瓶（250 mL）、研钵、量筒、锥形瓶。

四、实验内容

（1）$CTMA^+$-M 的制备

称量一定量的 Na-M 和 CTMAB，用蒸馏水分散后倒入 250 mL 圆底烧瓶中，80 ℃恒温磁力搅拌 24 h 后，抽滤、洗涤，80 ℃烘干，研磨过 100 目，即得 $CTMA^+$-M。

（2）$CTMA^+$-M 的表征

① 采用 X 射线衍射仪表征 $CTMA^+$-M 的层间距；

② 采用红外光谱仪表征 $CTMA^+$-M 的插层量；

③ 采用高分辨透射电镜表征 $CTMA^+$-M 的层间结构。

（3）$CTMA^+$-M 吸附条件的优化

方法：准确量取 50 mg/L 的铀溶液 50 mL 于 250 mL 的锥形瓶中，加入 0.01 g $CTMA^+$-M，恒温振荡一定时间后，取上层清液，采用分光光度法测定铀浓度，吸附容量采用如下公式计算。

$$q_e=\frac{(C_0-C_e)V}{m}$$

式中，q_e为吸附容量，mg/g；C_0为初始溶液中 U(Ⅵ) 的浓度，mg/L；C_e为吸附平衡后溶液中 U(Ⅵ) 的浓度，mg/L；V 是吸附溶液的体积，L；m 是吸附剂的质量；g。

主要考察以下条件对吸附铀性能的影响：

① 溶液 pH 对 $CTMA^+$-M 吸附铀性能的影响。

② CTMAB 的用量对 $CTMA^+$-M 吸附铀性能的影响。

③ 样品与吸附剂接触时间对 $CTMA^+$-M 吸附铀性能的影响；

④ 溶液的离子强度对 $CTMA^+$-M 吸附铀性能的影响。

(4) $CTMA^+$-M 吸附铀的性能

① 工作曲线的绘制：采用上述优化的吸附条件和方法，对铀标准溶液中的铀进行吸附。建立吸光度-铀标准溶液浓度之间的关系曲线（即工作曲线），考察方法的精密度、检出限。

② 模拟样品的检测：配制铀矿水冶废水模拟样品溶液（组成如表 5-5-1），采用上述优化的吸附条件和方法，对该样品溶液中的铀进行吸附，计算吸附量，并换算成铀的去除率。

表 5-5-1 铀矿水冶废水的组成（pH 6.0）

离子	U(Ⅵ)	SO_4^{2-}	NO_3^-	Mg^{2+}	Ca^{2+}	Fe^{3+}
含量	15 mg/L	10 g/L	1 g/L	0.2 g/L	0.5 g/L	1.6 g/L

(5) 吸附的选择性

采用上述优化的吸附条件和方法，在样品溶液中加入一定浓度的 Na^+、Mg^{2+}、Zn^{2+}、Mn^{2+}、Ni^{2+} 和 Sr^{2+} 等共存离子时，考察 $CTMA^+$-M 吸附铀的性能。

五、实验注意事项

实验过程中注意仪器、试剂的使用安全，实验完成后，将含铀废液收集在固定的塑料桶中，交环保部门统一处理。

六、扩展思考

(1) 如何解释溶液 pH 和离子强度对 $CTMA^+$-M 吸附铀性能的影响？

(2) 请根据实验结果，计算 $CTMA^+$-M 对铀离子和共存离子的选择性吸附系数。

七、参考文献

[1] Upson R T, Burns S E. Journal of Colloid and Interface Science, 2006, 297 (1): 70-76.

[2] Majdan M, Pikus S, Gajowiak A, et al. Applied Surface Science, 2010, 256 (17): 5416-5421.

[3] 张志宾，熊国宣，刘云海，等．东华理工大学学报（自然科学版），2013, 36 (4): 400-405.

实验 5.6

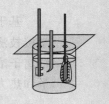

磷酸化石墨烯材料的制备及其对铀的吸附应用

一、实验目的

放射性污染治理是目前全球特别是有核国家所面临的最具挑战性的问题之一。因此，无论是从放射性废水中回收铀，提高铀的综合利用率，还是减轻放射性污染的危害，研究高效铀吸附分离方法是非常必要和紧迫的。通过本实验，使学生掌握磷酸功能化石墨烯（PGO）材料的制备方法，了解 pH、离子强度、温度和时间等对 PGO 吸附铀性能的影响，掌握分光光度法测定铀的原理和操作方法，并了解研究 PGO 吸附铀过程中动力学和热力学特性的方法。

二、实验原理和方法

石墨烯（GN）是一种由碳原子经 sp^2 电子轨道杂化形成的具有蜂窝状晶格结构、单原子层厚的二维碳同素异形体，具备较高的比表面积、活性位点丰富、耐酸、耐碱、抗辐射等稳定的化学性质。氧化石墨烯（GOs）是石墨烯的氧化物，与 GN 相比，GOs 具有丰富的含氧官能团，如环氧基（C—O—C）、羟基（C—OH）、羰基（C═O）以及羧基（—COOH）等。而 GOs 中充足的不对称结构位点使其化学改性潜力较大[1]，表面易于共价功能化，是一种理想的基体吸附材料。

有研究表明，在 pH 4.0 时，U(Ⅵ) 在 GOs 和 HOOC-GOs 表面为内层配合，U(Ⅵ) 在还原石墨烯（rGOs）表面为外层配合，且 $[HOOC\text{-}GOs\cdots UO_2]^{2+}$ 和 $[GOs\text{-}O\cdots UO_2]^{2+}$ 的结合能大于 $[G\cdots UO_2]^{2+}$，导致 U(Ⅵ) 在 GOs 和 HOOC-GOs 上的吸附容量大于 rGOs，由此证实了铀在石墨烯材料表面的吸附主要是依靠含氧官能团。为了提高石墨烯吸附铀的容量和选择性，研究人员开展了一些石墨烯复合材料的研究（如 GO 与壳聚糖复合[2]、磺酸化 GO[3]、聚偕胺肟与 rGO 复合[4]等），并取得一定的成果。

基于磷酸（酯）基的官能团对铀也具有很好的络合性能[5,6]。本实验采用化学接枝法将磷酸乙醇胺功能化至 GO 表面，制备出一种 PGO 材料。并考察 pH、铀离子浓度、时间、温度等对铀吸附性能的影响，研究 PGO 吸附铀过程中动力学和热力学的特性。

三、试剂和仪器

（1）主要试剂

O-磷酸乙醇胺、高锰酸钾、浓硫酸、浓硝酸、过硫酸钾、五氧化二磷、四氢呋喃（THF）、过氧化氢、偶氮胂Ⅲ、氯化钠，均为分析纯；天然鳞片石墨；铀标准溶液（1 mg/mL）。

（2）主要仪器

紫外可见分光光度计、电子天平、磁力搅拌电热套、热膨胀仪、真空干燥箱、圆底烧瓶（250 mL）、冷凝管、量筒、锥形瓶、恒温振荡器。

四、实验内容

（1）PGO 材料的制备

① GO 的制备[4,7]：采用改性 Hummers 法，将天然鳞片石墨、浓硫酸和浓硝酸三者混合搅拌反应 24 h，所得产物洗涤干燥，即获得石墨烯层间化合物；将该化合物在 1000 ℃热膨胀处理 10 s 后，加入 4.2 g 过硫酸钾和 6.2 g 五氧化二磷，80 ℃加热搅拌 5 h，待冷却至室温后充分洗涤干燥；随后，加入 200 mL 浓硫酸，充分混合，缓慢加入 15 g 高锰酸钾，加热搅拌 2 h，再加入 5% 的稀硫酸和 10 mL 30% 过氧化氢，最后过滤、洗涤和干燥，即制得 GO。

② PGO 的制备[7]：将 0.20 g GO 和 100 mL THF 充分搅拌 1 h，超声20 min；缓慢加入 0.67 g 磷酸乙醇胺，80 ℃下搅拌回流 24 h，最后过滤、洗涤和 35 ℃真空干燥，即得 PGO。

③ 材料表征：有条件的可以采用透射电镜（TEM）、扫描电镜（SEM）、红外光谱（FT-IR）、拉曼光谱（Raman）和 X 射线光电子能谱（XPS）等技术表征 PGO 的微观形貌和表面官能团结构。

（2）PGO 材料吸附铀实验条件的优化

静态吸附实验方法：将 0.010 g 吸附剂加入到 100 mL 确定 pH 的铀（Ⅵ）溶液中，使用硝酸和氢氧化钠调节 pH。恒温振荡一定时间后，取上层溶液离心，再采用偶氮砷Ⅲ法[8]测定溶液中铀（Ⅵ）浓度，对铀（Ⅵ）的吸附容量 q_e（mg/g）和分配系数 k_d(mL/g) 分别如式（1）和式（2）：

$$q_e = \frac{(C_0 - C_e) \times V}{m} \tag{1}$$

$$k_d=\frac{q_e}{C_e}\times 100\% \tag{2}$$

式中，C_0为溶液初始铀（Ⅵ）浓度，mg/L；C_e为溶液平衡时铀（Ⅵ）浓度，mg/L；V为溶液体积，L；m为吸附剂质量，g。

主要考察以下条件对吸附铀性能的影响：

① pH 对 PGO 吸附铀性能的影响（建议研究 pH 2.0～7.0 的影响）；

② 离子强度对 PGO 吸附铀性能的影响（建议研究 $C_{NaCl}=0\sim0.5$ mol/L 的影响）；

③ 温度对 PGO 吸附铀性能的影响（建议研究 5～50 ℃的影响）；

④ 时间对 PGO 吸附铀性能的影响（建议研究 0～180 min 的影响）。

（3）PGO 材料吸附铀过程中的热力学和动力学特性研究

① 吸附等温模型的建立：采用 Langmuir、Freundlich 和 D-R 吸附等温线模型对实验获得的数据进行曲线拟合，得出 PGO 材料吸附铀的合适的吸附等温模型，用于解释其吸附铀的热力学过程。

② 吸附动力学模型的建立：采用准一级动力学模型和准二级动力学模型对实验获得的数据进行曲线拟合，得出 PGO 材料吸附铀的合适的吸附动力模型，用于解释其吸附铀的动力学过程。

（4）吸附的选择性

配制含镧（Ⅲ）、铈（Ⅲ）、钐（Ⅲ）、钆（Ⅲ）、钴（Ⅱ）、锶（Ⅱ）、锰（Ⅱ）、镍（Ⅱ）、铯（Ⅰ）、锌（Ⅱ）和铀（Ⅵ）等 11 种共存离子的溶液，各离子浓度均为 0.50 mmol/L，用硝酸和氢氧化钠调节 pH。将 0.010 g 吸附剂加至 25 mL 混合溶液中，恒温振荡 24 h，取上层清液离心，使用 ICP-OES 测定各离子浓度。各离子的吸附量参考式(1)，对铀（Ⅵ）的吸附选择率如式(3)：

$$S_U=\frac{q_{e(U)}}{q_{e(total)}}\times 100\% \tag{3}$$

其中，$q_{e(U)}$和$q_{e(total)}$分别为吸附铀（Ⅵ）的容量和吸附所有金属离子的总量。

五、实验注意事项

（1）在进行 PGO 材料吸附铀过程中的热力学和动力学特性研究之前，应查阅相关文献资料，或在教师的指导下进行数据计算和处理。

（2）实验过程中注意仪器、试剂的使用安全，实验完成后，将含铀废液收集在固定的塑料桶中，交环保部门统一处理。

六、扩展思考

（1）如何解释溶液 pH 值和离子强度对 PGO 材料吸附铀性能的影响？

（2）请根据 PGO 材料吸附铀的吸附等温模型，解释其吸附铀的热力学过程。

（3）请根据 PGO 材料吸附铀的动力学模型，解释其吸附铀的动力学过程。

七、参考文献

[1] Gu P，Zhang S，Li X，et al. Environmental Pollution，2018，240：493-505.

[2] Huang Z，Li Z，Zheng L，et al. Chemical Engineering Journal，2017，328：1066-1074.

[3] Wang X，Liu Y，Pang H，et al. Chemical Engineering Journal，2018，344：380-390.

[4] Shao D，Li J，Wang X. Science China Chemistry，2014，57：1449-1458.

[5] Liu X，Li J，Wang X，et al. Journal of Nuclear Materials，2015，466：56-64.

[6] Sureshkumar M，Das D，Mallia B，et al. Journal of Hazardous Materials，2010，184：65-72.

[7] 张志宾，张昊岩，邱燕芳，等．中国科学：化学，2019，49（1）：205-216.

[8] 罗明标，张燮．工业分析化学．北京：化学工业出版社，2018.